Intraokulare Linsen und ihre Implantation

H. Bleckmann · R. Conrad

Intraokulare Linsen und ihre Implantation

Walter de Gruyter
Berlin · New York 1987

Prof. Dr. Heinrich Bleckmann
Universitätsklinik Charlottenburg
Abteilung für Augenheilkunde
Spandauer Damm 130
1000 Berlin 19

Dr. Rainer Conrad
c/o Medikonzept GmbH
von-Werner-Str. 35
5190 Stolberg

Dieses Buch enthält 94 Abbildungen, 6 Tabellen, 13 Formeln und 2 Diagramme.

CIP-Kurztitelaufnahme der Deutschen Bibliothek

Bleckmann, Heinrich:
Intraokulare Linsen und ihre Implantation / H. Bleckmann ; R. Conrad. – Berlin ; New York : de Gruyter, 1986.
ISBN 3-11-011082-2
NE: Conrad, Rainer:

Gestaltung: WP Kommunikation, Konzept, Grafik – 5190 Stolberg
Lithografie: Gebrüder Wüst, 5000 Köln
Druck: M. Brimberg, 5100 Aachen
Bindung: Lüderitz & Bauer, Berlin.

Vorwort

Die bereits vorhandene Bibliographie zur Implantologie von intraokularen Linsen hat Maßstäbe für Aufbau, Umfang und Abbildungscharakter gesetzt, an dem jede Neuerscheinung gemessen wird. Die Zielgruppe, an die sich die vorliegende Abhandlung wendet, sollen Ophthalmo-Chirurgen sein, die bereits eigene operative Erfahrung in der herkömmlichen Kataraktchirurgie haben, aber durch die nur wenige Jahre zurückliegende Umstellung auf die extrakapsuläre Extraktion bzw. Phakoemulsifikation einer Katarakt mit intraokularer Linsenimplantation zunächst Neuland betreten. So ist es möglich geworden, den Umfang dieses Buches nicht zu groß werden zu lassen und dennoch die wesentlichen, neueren Informationen zu berücksichtigen. Einem möglichst guten Verständnis sollen in der Hauptsache die vielen Abbildungen dienen, die bewußt nicht als fotographisches Bildmaterial der Operationen gewählt wurden, da sich die wesentlichen Punkte oft nur dem Kundigen zu erkennen geben. Die verwendeten Grafiken sind unserer Meinung nach besser in der Lage, die entscheidenden Abläufe des Geschehens zu verdeutlichen und erklärend herauszustellen. Die Beschränkung auf Beschreibung und Demonstration des operativen Vorgehens soll als Einführung in die heute gängige Kataraktchirurgie mit Implantation einer intraokularen Linse verstanden werden.

Die Implantologie intraokularer Linsen ist wahrscheinlich das Teilgebiet der modernen Ophthalmologie, in dem sich Wandlungen und Neuerungen am schnellsten vollziehen. Nach der letzten Korrektur fanden die Herausgeber vieles, was seit der Niederschrift bereits wieder hätte ergänzt werden können. Mit Sicherheit werden die hier beschriebenen Verfahren in Zukunft modifiziert werden, auch die Implantate werden sich in den kommenden Jahren weiter ändern. Um dieses Buch aber möglichst schnell herauszubringen, soll die Darstellung der weiteren Entwicklungen einer nächsten Überarbeitung vorbehalten bleiben.

Die Herausgeber

Vorwort

Zur optischen Korrektur der Aphakie wird in zunehmendem Maße die während der Staroperation implantierte Kunstlinse verwendet. Viele kritische Ophthalmo-Chirurgen, die noch vor wenigen Jahren dieses Verfahren als ungeeignet angesehen haben, sehen heute keinen Grund mehr zur grundsätzlichen Ablehnung der Kunstlinsenimplantation. Verfeinertes Instrumentarium, besseres Nahtmaterial, der routinemäßige Einsatz des Operationsmikroskopes sowie die Verbesserung der Linsenherstellung und geeignetere Sterilisationsverfahren haben dazu geführt, daß die Operation des grauen Stars mit Kunstlinsenimplantation heute eine geringere Komplikationsrate aufweist als noch vor 15 Jahren die intrakapsuläre Staroperation ohne Linsenimplantation. Die Beherrschung mikrochirurgischer Operationstechniken und das Verfahren der extrakapsulären Staroperation haben in hohem Maß mit dazu beigetragen, daß auch bei jüngeren Patienten — eine entsprechende Indikation zur Operation vorausgesetzt — künstliche Linsen implantiert werden können. Den meisten jetzt in der Praxis tätigen Augenärzten ist während ihrer Weiterbildung die Beschäftigung mit der Implantation von Intra-Okular-Linsen verschlossen geblieben. Das von beiden Autoren verfaßte Buch bietet dem Unerfahrenen einen raschen Einblick in die gesamte Problematik der Kunststofflinse. Der Erfahrene findet Antworten auf viele Detailfragen, wie zum Beispiel der Modifikation von Operationsverfahren und intraokularen Linsen mit verschiedenen Fixationsmechanismen, von Chemie der Optik und Haptik, der Ultraviolett-Licht-Absorption, sowie über das ganz aktuelle Thema der Anwendung des Neodym-YAG-Lasers.

Die Zusammenarbeit des Naturwissenschaftlers und Technikers mit dem Kliniker kommt in dieser Veröffentlichung dergestalt zum Ausdruck, daß auch Fragen angeschnitten werden, die der Naturwissenschaftler oder Mediziner allein nur schwer so exakt hätte beantworten können.

Zu den zahlreichen glänzenden Abbildungen kann man die Autoren nur beglückwünschen. Da im deutschsprachigen Raum nur wenige Abhandlungen über das so wichtige Thema vorliegen, kann mit einem weiten Leserkreis interessierter Augenärzte, aber auch Ärzten anderer Disziplinen gerechnet werden.

Prof. Dr. med. Karl W. Jacobi
Direktor d. Univ.-Augenklinik Gießen

Gießen, den 9. 1. 1985

Inhaltsverzeichnis

1. Entwicklungsgeschichte der intraokularen Linsen

Derzeit sind auf dem Markt etwa 45 verschiedene Modelle intraokularer Linsen erhältlich. Die Implantationsrate wächst ständig. Es ist also nicht verwunderlich, daß selbst unter erfahrenen Chirurgen in der Kataraktchirurgie erhebliche Meinungsverschiedenheiten bestehen, und zwar nicht nur bezüglich der drei großen Linsengruppen — Vorderkammer-, Iris-fixierte- und Hinterkammer-Linsen —, sondern sogar über den adäquaten Linsentyp innerhalb dieser Gruppen. Die Entscheidung für ein bestimmtes Linsenmodell ist abhängig von vielen Kriterien, wie persönlicher Erfahrung, Meinungen in Fachveröffentlichungen, Indikationen, aber auch von persönlich bevorzugten oder beherrschten Operationsmethoden usw. Es ist deshalb nicht möglich und kann auch nicht der Sinn dieser Erläuterungen sein, Empfehlungen für die Implantation eines bestimmten Linsentyps zu geben. Die Entscheidung über die Art der zu verwendenden Linse sowie den Linsentyp muß jeder Implantateur für sich fällen. Ein Überblick über die historische Entwicklung der Linsen kann allenfalls dazu dienen, aus Hinweisen auf erwiesene Fehler bei der Konstruktion früherer Linsen Schlüsse zu ziehen auf die den jeweiligen Umständen am besten angepaßte moderne Linsenform, wobei die später dargestellten Bildserien eine Hilfestellung und einen Überblick über die anzuwendenden Implantationsverfahren für einzelne Linsentypen geben sollen.

Das grundlegende Kriterium für die Anwendung von intraokularen Linsen und die Vermeidung von Komplikationen ist nach RIDLEY die Vermeidung, zumindest aber Minimierung von Relativbewegungen zwischen dem Implantat und den umgebenden Gewebestrukturen des Auges. Aufgrund dieser Gedanken entwickelte RIDLEY 1949 die erste künstliche intraokulare Linse (Abb. 1.1). Die RIDLEY-Linse hatte in etwa die Form der natürlichen Linse, wurde im Kapselsack implantiert und durch die Linsenhinterkapsel auf der einen Seite und die Iris auf der anderen Seite gehalten. RIDLEY selbst implantierte diese Linsen in etwa 750 Fällen bis 1959. Nach Auftreten von Komplikationen in Form von postoperativen Reizzuständen durch Reste der Sterilisierungslösung und eine ungeeignete Acrylglasart, entzündlichen Pupillarmembranen, Irisatrophien und Sekundärglaukomen in der Größenordnung von 23 % der Implantationen wurde der Gebrauch der RIDLEY-Linse 1959 aufgegeben. Es ist jedoch zu bemerken, daß diese Komplikationen nur in Fällen nachzuweisen waren, in denen die Linse sich nicht fixieren ließ. In den 77 % der Fälle, in denen eine Fixierung erzielt werden konnte, traten nur geringe Komplikationen auf, und nach ca. 30 Jahren existieren noch heute Augen mit RIDLEY-Linsen.

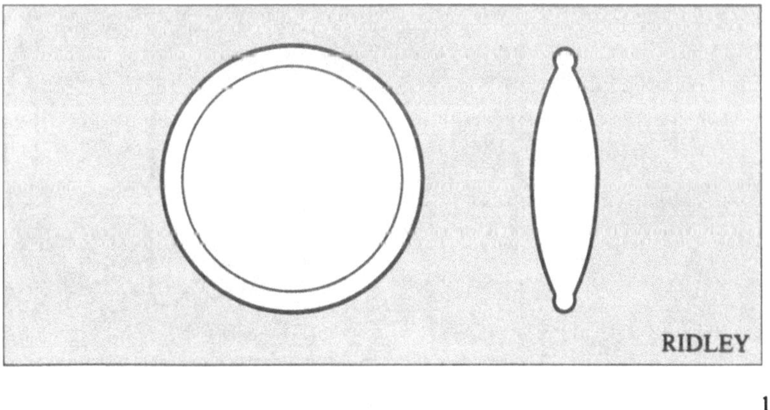

Abb. 1.1

Nach Aufgabe der RIDLEY-Linse wandten sich die meisten Chirurgen der Implantation von Vorderkammerlinsen zu. Bereits zu diesem frühen Zeitpunkt wurden zwei Arten von Vorderkammerlinsen geschaffen, nämlich solche mit elastischen Befestigungsbügeln und starre Linsen. Die erste Linse mit elastischen Bügeln war die nach DANNHEIM aus dem Jahre 1955, deren Optik von zwei Bügeln aus Nylon, die sich im Kammerwinkel abstützten, getragen wurde (Abb. 1.2).

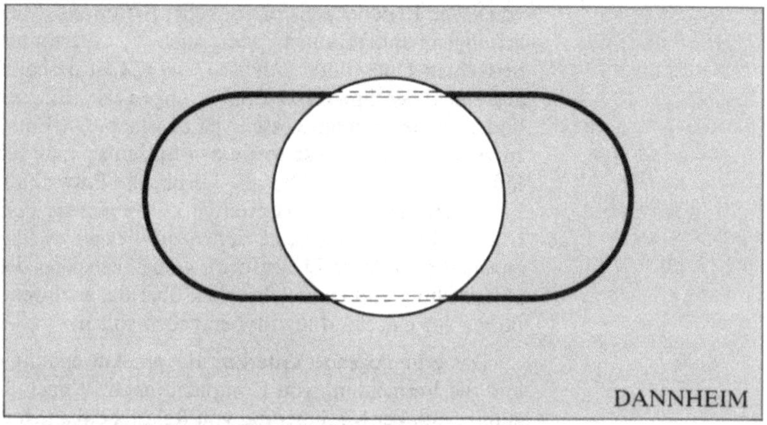

Abb. 1.2

Der DANNHEIM-Linse blieb langfristiger Erfolg versagt, da sich herausstellte, daß die Nylonbügel sich unter Spannung in der Vorderkammer auflösten. Dies ergab den ersten Hinweis auf die Kritizität der für intraokulare Linsen verwendeten Materialien, mit denen sich ein späteres Kapitel befassen wird.

Die erste unflexible Vorderkammerlinse war die STRAMPELLI-Linse (Abb. 1.3) aus dem Jahr 1953. Ihre Benutzung führte zu hohen Komplikationsraten, insbesondere bullösen Keratopathien, verursacht durch verschiedene Umstände, in der Hauptsache durch ungenügende Sterilisierungsverfahren, durch Endothel-Berührungen usw. STRAMPELLI selbst berichtete über Komplikationsraten von annähernd 75 %.

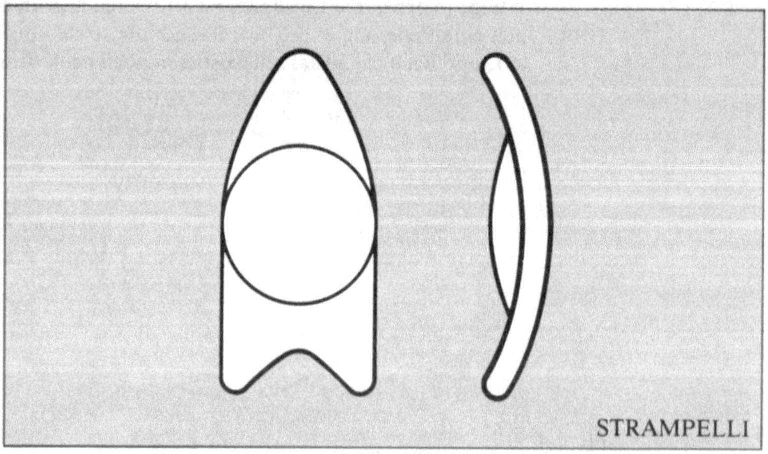

Abb. 1.3

1959 entwickelte STRAMPELLI eine Vorderkammerlinse (Abb. 1.4) mit elastischen Bügeln aus Nylon. Die Bügel dieser Linse waren länger als der Cornea-Durchmesser, so daß sie in sklerale Taschen verankert werden konnten. Es stellte sich jedoch auch hier heraus, daß die Nylonschlingen sich in diesen Taschen auflösten entsprechend der heute bekannten Unbeständigkeit von Nylon im Narbengewebe.

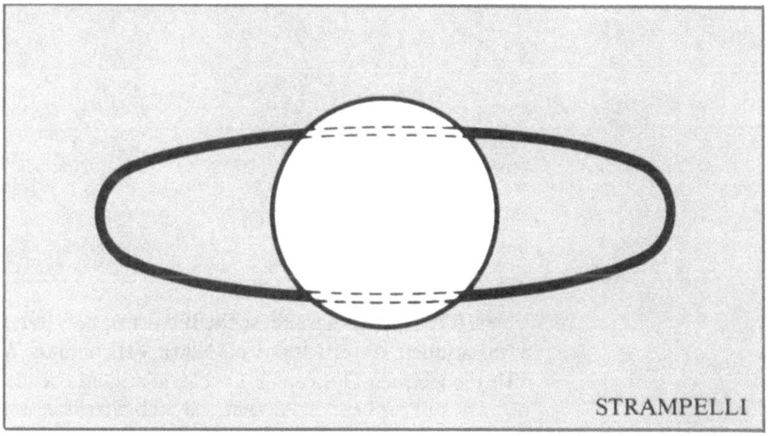

Abb. 1.4

Eine weiterentwickelte Linse war eine Modifikation der DANNHEIM-Linse durch BARRAQUER (Abb. 1.5). Dieses war der erste Versuch, die Spannung der Linsenbügel zu erhöhen, indem die Bügel nicht geschlossen, sondern offen gestaltet wurden. Auch dieser Versuch jedoch scheiterte an der Auflösung der Nylonschlingen in der Vorderkammer (SHEARING führte diese Linsenform später mit Polypropylenschlingen wieder ein, und zwar als Hinterkammerlinse in der extrakapsulären Kataraktchirurgie).

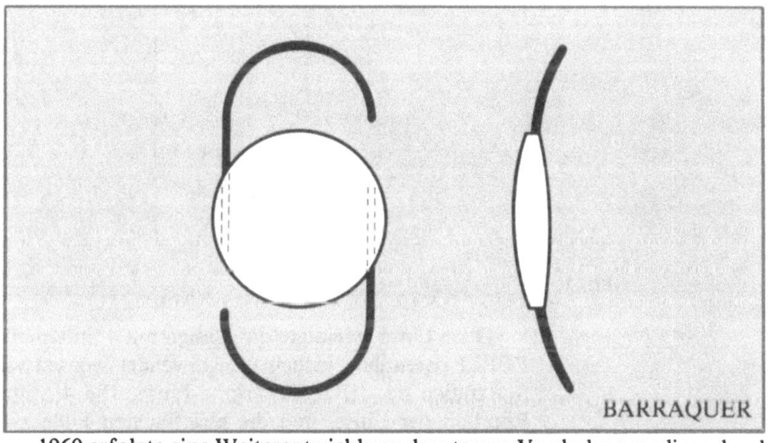

Abb. 1.5

1960 erfolgte eine Weiterentwicklung der starren Vorderkammerlinse durch RIDLEY mit der Tripod II. Diese Linse hatte abgeflachte Füße, um hinter den skleralen Sporn zu fassen und so direkten Endothel-Kontakt zu vermeiden. Auch hier jedoch liegen die bekannten Dystrophie-Raten in der Größenordnung von 5 %.

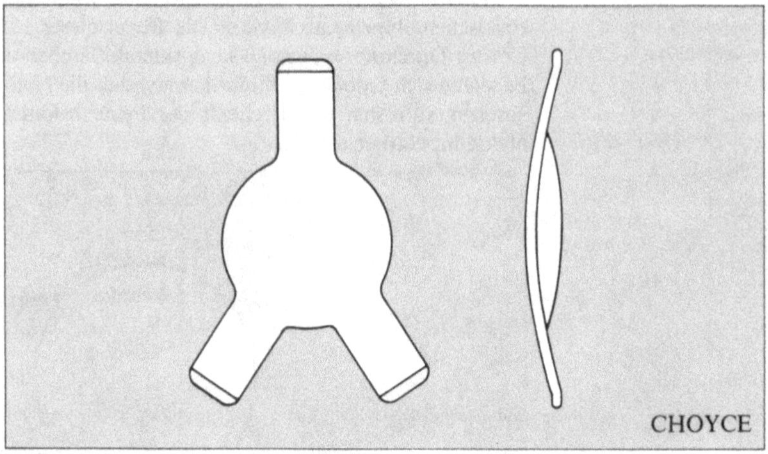

Abb. 1.6

CHOYCE entwickelte schließlich aus der starren STRAMPELLI-Linse 8 Variationen, die er Mark I bis Mark VIII nannte. Während Mark I bis Mark VIII die gleichen Dystrophie-Probleme zeigten wie die STRAMPELLI-Linse — obwohl mit sinkender Anzahl, da sich Sterilisierung, Herstellung und Konstruktion ständig verbesserten —, zeigte die CHOYCE-Mark IX-Linse (Abb. 1.6 und 1.7) 1963 erheblich verbesserte Resultate.

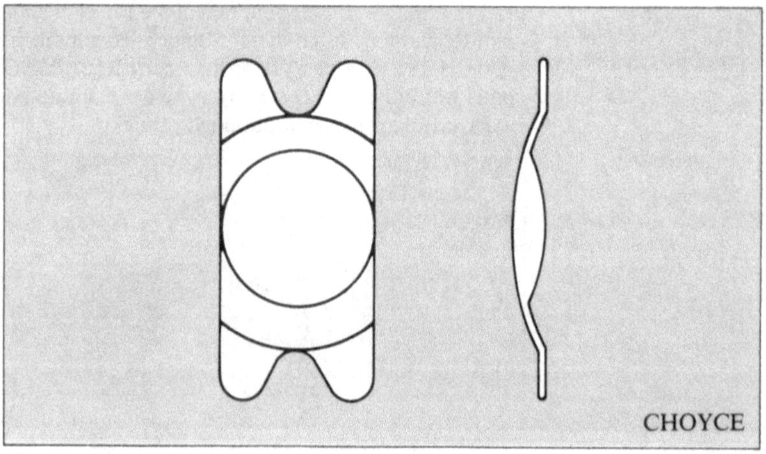

Abb. 1.7

Diese Linse vereinigte das Design mit 4 Stützpunkten, das durch STRAMPELLI patentiert, jedoch nie verwendet worden war, mit den abgeflachten Stützfüßen der RIDLEY-Tripod-Linse. Die 4 Stützpunkte verhinderten die Rotation der Linse, und die abgeflachten Füße zwischen Skleralsporn und Ziliarkörper-Band hielten die Linse so, daß das Endothel nicht berührt werden konnte. Diese Linse ist im Auge sehr stabil mit einer Fixationsrate von 99 %. Probleme mit Nylon und Polypropylen existieren nicht; die Linse kann bei intrakapsulären oder extrakapsulären Operationen verwendet werden und zeigt sowohl in primären als auch sekundären Implantationen gleiche Erfolgsraten.

Konstruktionsbedingt traten jedoch mit dieser Linse vermehrt Komplikationen durch Pupillarblock auf, abgesehen von eventuell zu erwartenden Problemen infolge der Berührung und Reibung zwischen Linse und Iris. 1976 wurde die CHOYCE-Mark VIII-Linse daher von TENNANT modifiziert (Abb. 1.8), indem sie zum einen plankonvex gestaltet wurde und die tragende Haptik auf eine Länge von 1,6 mm gebracht wurde. Hierdurch wird ein definierter Abstand zwischen Iris und Optikhinterseite von 0,5 mm geschaffen, der eine Berührung und so die genannten Probleme der CHOYCE-Mark VIII vermindert.

Abb. 1.8

Diese Technik ist heute zum allgemeinen Industriestandard bei der Herstellung starrer Vorderkammerlinsen geworden.

Eine entscheidende Weiterentwicklung der flexiblen Vorderkammerlinsen brachte erst ein Ersatz des Schlingenmaterials durch Polypropylen, etwa bei der AZAR-Linse (Abb. 1.9). Diese Linse wurde 1983 jedoch wieder zurückgezogen, da durch Reaktionen des Polypropylens unter UV-Strahlung und die ungünstige Gestaltung der Bügel Macula-Ödeme, Mikroblutungen und erhöhter Augeninnendruck auftraten (UHG-Syndrom).

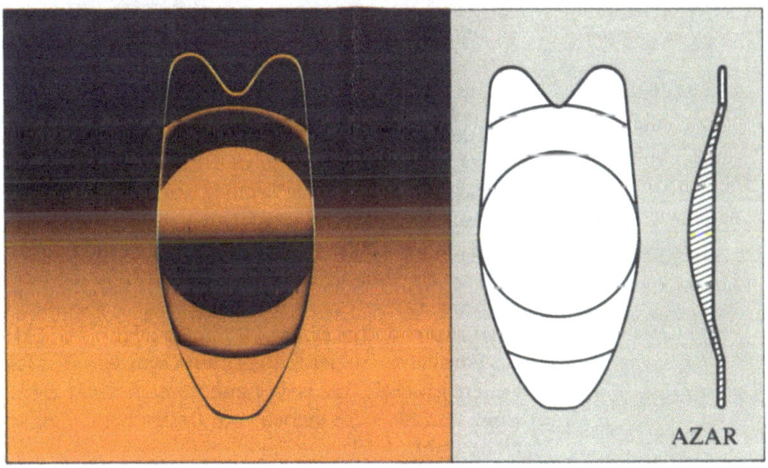

Abb. 1.9

Eine entscheidende Wende zu neuen Linsenkonstruktionen brachten die ersten flexiblen, einstückigen Vorderkammerlinsen ganz aus PMMA von KELMAN 1982 und CHRISTENSEN 1983. Die KELMAN OMNIFIT II (Abb. 1.10) zeigt aus der Erfahrung von bisher mehr als 10.000 Implantationen minimale Komplikationsraten.

Abb. 1.10

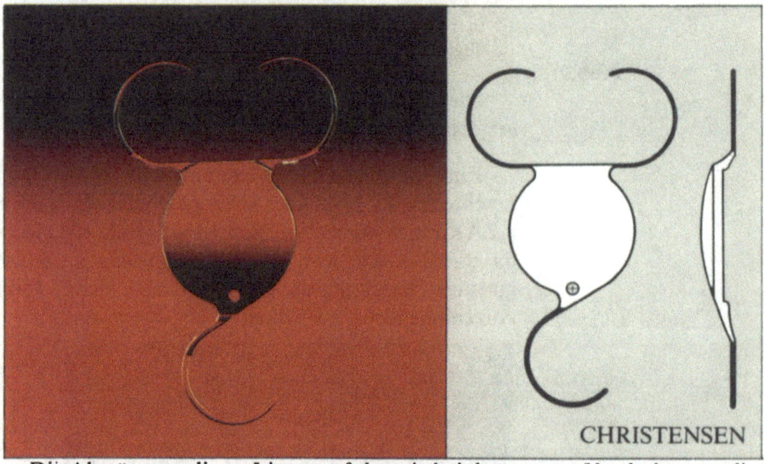

Abb. 1.11

Die Abstützung dieser Linsen erfolgt wie bei den starren Vorderkammerlinsen zwischen Skleralsporn und Ziliarkörper-Band, die Linsen sind hochflexibel, so daß sie jeder Verformung durch äußere Kraftanwendung (Augenreiben) folgen und ohne sprunghaften Übergang die alte Position wieder einnehmen. Die Kammerwinkel-Berührung ist auf 3 Punkte mit minimaler Funktionsbehinderung des Trabekelwerks beschränkt, und die Formgestaltung ist derart, daß auch bei Kompression der Bügel kein Vorwölben der Optik nach vorn zum Hornhautendothel hin erfolgt (siehe auch Abb. 1.11).

Parallel zu dieser Entwicklung wurden ebenfalls die Iris-fixierten Linsen weiterentwickelt. Die erste Linse dieser Art war die EPSTEIN-KRAGENKOPF-Linse von 1953, die jedoch vom Design her viel zu schwer war und häufig dislozierte (Abb. 1.12).

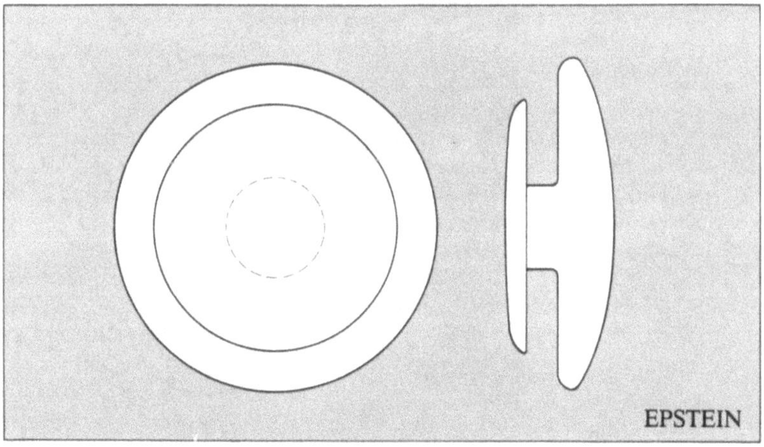

Abb. 1.12

Der Nachfolger dieser Linse, ebenfalls von EPSTEIN, war 1962 die Malteserkreuz-Linse (Abb. 1.13).

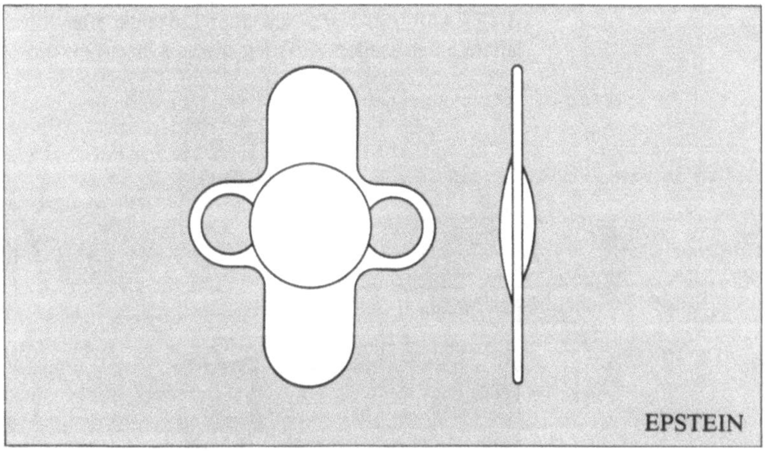

Abb. 1.13

Sowohl diese Linse als auch die weiterentwickelte COPELAND-Linse der gleichen prinzipiellen Form zeigen in 15 % der Implantationen zystoide Macula-Ödeme und eine hohe Zahl von retrolentalen Membranen, wahrscheinlich aufgrund der hohen Bewegung zwischen Iris und Linse.

Die erste Irisclip-Linse wurde von BINKHORST 1957/1958 entwickelt und implantiert. Im Laufe der Jahre wurden die BINKHORST-Linsen insgesamt fünfmal geändert, wobei jede Änderung auf den negativen Erfahrungen mit dem vorhergehenden Typ aufbaute. Mit der BINKHORST-Typ IV-Linse (Abb. 1.14) konnten schließlich die Dislozierungsrate von ursprünglich über 20 % auf 4,3 % und die cornealen Dystrophien von Werten bis zu 18,6 % beim Typ III auf 3,3 % gesenkt werden. Seit 1969 führte WORST die Technik ein, vordere und hintere Schlingen der BINKHORST-Linse durch eine Iridektomie hindurch zu vernähen und damit die Dislozierung völlig zu vermeiden.

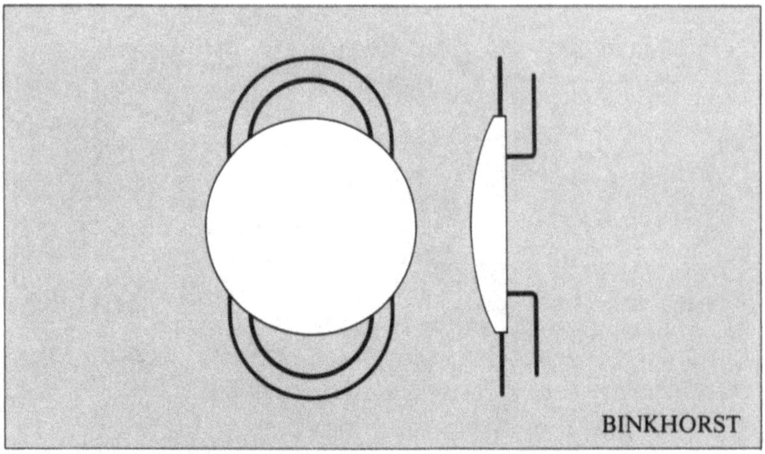

Abb. 1.14

Die letzte Generation von intraokularen Linsen — gleichzeitig die heute weltweit am häufigsten gebrauchte und die von RIDLEY als erste entwickelte — ist die Hinterkammerlinse. Diese nach RIDLEY 1951 im wesentlichen bedeutungslos gewordene Variation ließ SHEARING als Überarbeitung einer BARRAQUER-Vorderkammer-Linse der 50er Jahre 1976 wieder aufleben und leitete einen steilen Aufstieg dieses Linsentyps ein (Abb. 1.15).

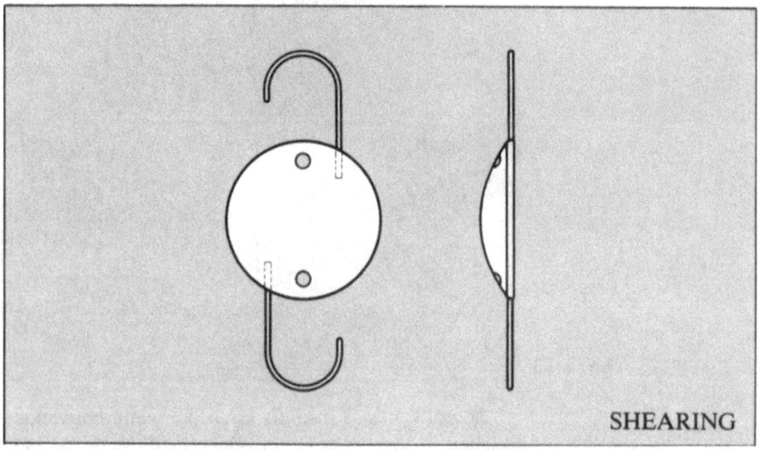

Abb. 1.15

Es handelt sich um eine Linse aus PMMA mit offenen Schlingen aus Polypropylen. Die Schlingen werden bei der Implantation elastisch verformt, springen danach in ihre ursprüngliche Form zurück und ergeben dadurch eine feste Zentrierung und dauernde Stabilität durch Fixierung im sulcus ciliaris bzw. Kapselsack.

Die Hinterkammerlinse in ihrer heutigen Form stellt eine Synthese dar aus den ersten Erfahrungen der Implantation von Kunstlinsen sowie moderner Fertigungstechnik und modernen Materialien. Diese Synthese ermöglicht es, sowohl die optischen als auch die anatomischen Vorteile dieser Linsen voll auszunützen, die durch die Lage, die der der natürlichen Linse bestens entspricht, entstehen.

Die Linse liegt hier am nächsten zum nodalen Punkt und Rotationszentrum des Auges. Aniseikonie und Bewegung durch rotationsbedingte Kräfte sind hierdurch so klein wie möglich. Die Lichtstreuung im Randbereich wird minimal, da dieser normalerweise vom Irisrand gedeckt ist. Es gibt keine Pseudophakodonese wie bei Iris-getragenen Linsen, und Verklebungen mit dem Pupillarrand können durch unten noch beschriebene Linsenformen weitgehend vermieden werden.

Weitere Vorteile bestehen in der Vermeidung von Langzeitschäden an Endothel und Trabekelwerk. Iris-Erosionen und späte Dislozierungen sind praktisch ausgeschlossen. Durch die Nähe der Linsen zum Rotationszentrum werden die Beschleunigungskräfte bei natürlichen Augenbewegungen minimal gehalten, wodurch Endophthalmodonese wie Iritis und retinale Ablösungen minimiert werden.

Die noch vorhandenen Probleme der SHEARING-Linse, etwa mögliches »Verhaken« der Iris am Linsenbügel im Winkel zwischen Optik und Schlinge oder schwierige Zentrierung, wurden durch weitere Modifikationen der Haptik beseitigt.

SIMCOE entwickelte hierzu eine Linse mit tangentialem Schlingenansatz, die mit einer speziellen Technik durch die Pupille gedreht wird (Abb. 1.16).

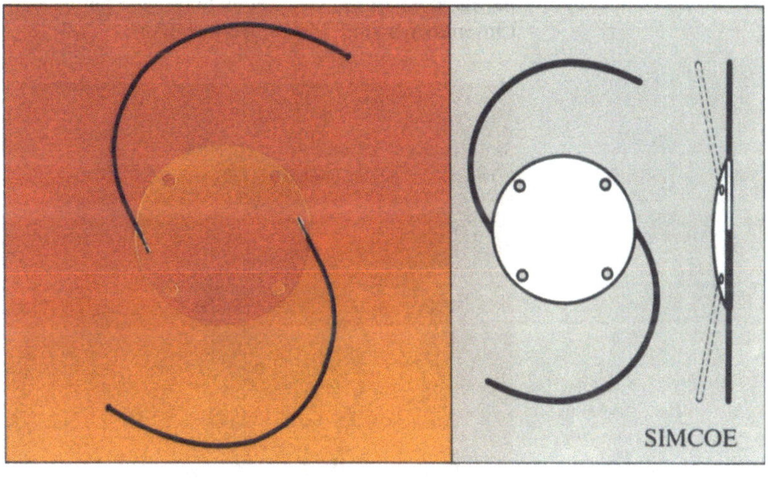

Abb. 1.16

KRATZ versah eine Linse mit offenen und kurzen Bügeln, deren Enden nach innen weisen, um ein Einwachsen der Schlingenenden zu vermeiden (Abb. 1.17). Um eine gleichmäßige Spannungsverteilung zu erzielen und ein Falten des Bügels beim Implantieren zu erleichtern, haben die Bügel einen Knick in tangentialer Richtung in der Nähe des Linsenkörpers.

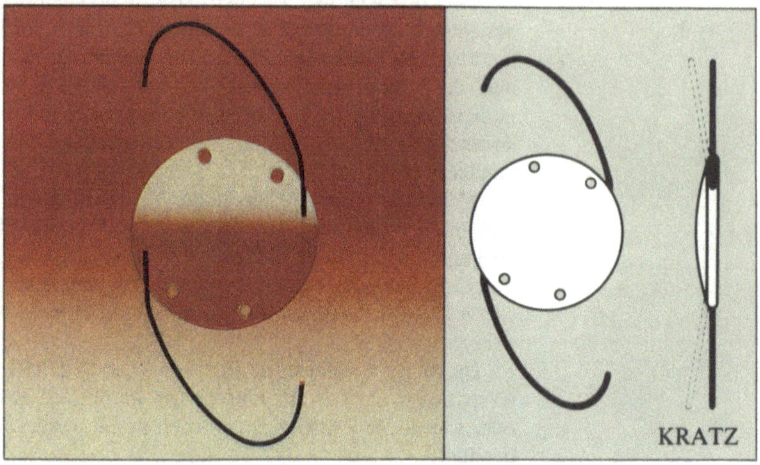

Abb. 1.17

Um die bereits erwähnten Synechien der Linsenoptik mit der Iris und Iris-einklemmung zu vermeiden, wurden Varianten fast aller Linsenmodelle mit ca. 10° nach vorne angewinkelten Schlingen hergestellt, die den Abstand zwischen Linsenkörper und Iris vergrößern (Abb. 1.18).

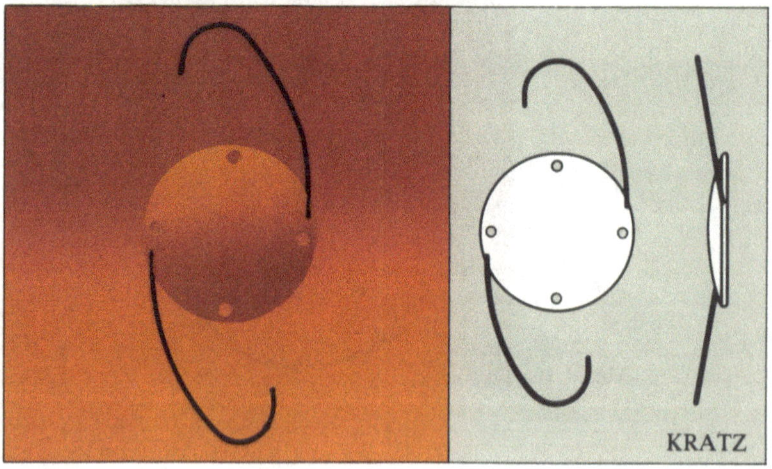

Abb. 1.18

Bei der Linse nach JACOBI (Abb. 1.19) ist aus dem gleichen Grund die Optik nach vorne gedreht, d. h. der konvexe Teil zeigt nach hinten, und die plane Seite ist der Iris zugewandt. Verklebung, Berührung und Reibung zwischen Iris und Linse sind daher minimal.

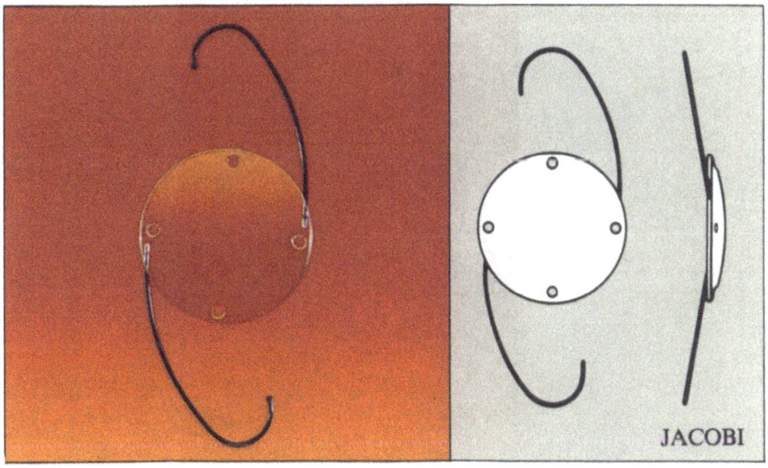

Abb. 1.19

Der nächste Entwicklungsschritt ist eine Linse mit Abstandshaltern zur Hinterkapsel, um eine Nachstarbehandlung mit YAG-Lasern zu ermöglichen, ohne gleichzeitig die Linse zu beschädigen, wie bei der Linse nach KRATZ und JOHNSON verwirklicht (Abb. 1.20).

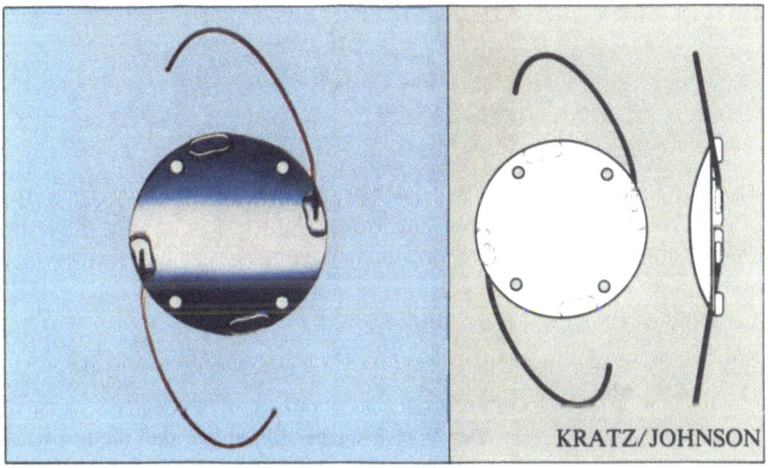

Abb. 1.20

Diese Linse zeigt erstmalig noch eine weitere entscheidende Verbesserung, nämlich eine spezielle Konstruktion zur Gewichtsersparnis.

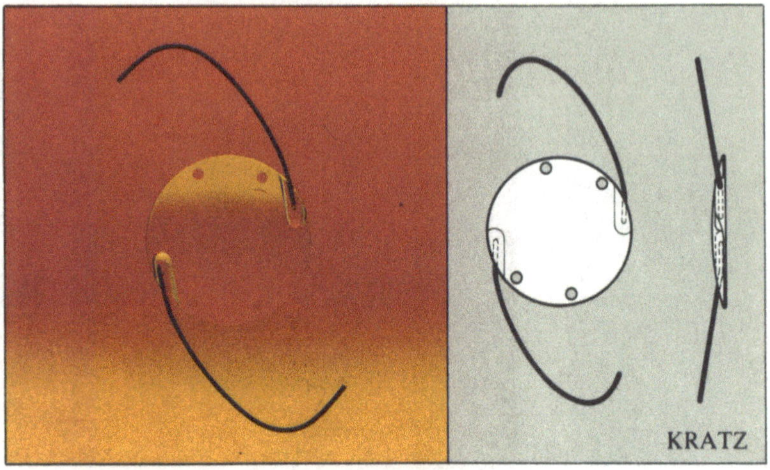

Abb. 1.21

Derartige Linsen ersetzen die bei herkömmlichen Linsen übliche — optisch unwirksame — planparallele Platte auf der Linsenrückseite, die nur der Schlingenbefestigung dient (Abb. 1.21), durch kleine Nocken bzw. einen durchgehenden Rand für Schlingenhalterung und gleichzeitig Abstandsvergrößerung zur Hinterkapsel. Die Gewichtsersparnis beträgt 30 - 40 %, wodurch entweder eine größere wirksame Optik (7 mm) bei gleichem Gewicht wie bei 6 mm-Linsen ermöglicht wird, oder eine Gewichtsreduzierung bei gleichem Durchmesser, wodurch Spätkomplikationen durch größere Beschleunigungskräfte bei der Augenbewegung vermindert werden.

Ebenfalls eine Weiterentwicklung bilden ovale Linsen nach CLAYMAN (Abb. 1.22).

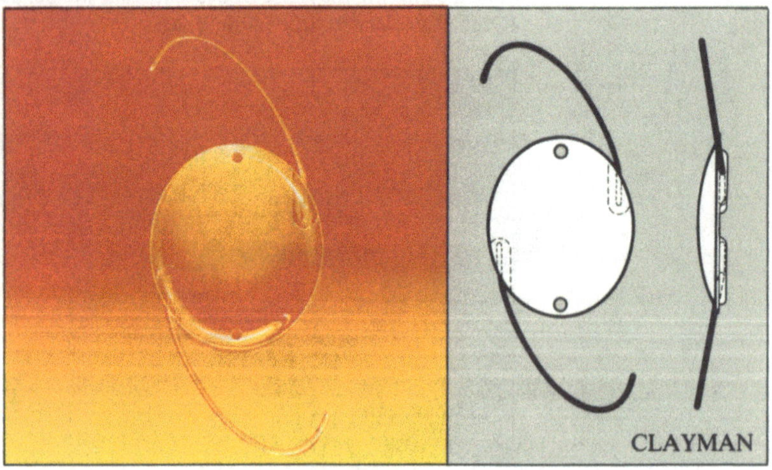

Abb. 1.22

Der Vorteil solcher Linsen ist, daß die notwendige Inzision zur Implantation um ca. 1 mm kürzer gehalten werden kann als bei runden Linsen, jedoch muß der kleinere Durchmesser der Optik die unbeeinflußte Pupille noch abdecken.

Hier, an ihrem gegenwärtigen Stand, ist nun die Entwicklungsgeschichte der intraokularen Linsen sicher noch nicht an ihr Ende gekommen. Wie die Statistiken in einem späteren Kapitel zeigen, ist der Erfolg der intraokularen Linsen, das unglaubliche Anwachsen der Implantationszahlen zu einem großen Teil auf die Entwicklungserfolge bei Material- und Herstellungstechnik sowie bei den Sterilisationsverfahren zurückzuführen. Daher ist mit Sicherheit davon auszugehen, daß die Zukunft eine stetige Weiterentwicklung bringen wird.

Ein Teil dieser Weiterentwicklungen — sofern er derzeit bereits im Laborstadium ist — ist heute bereits abzusehen. So wird die nächste IOL-Generation sicherlich aus den einstückigen Hinterkammerlinsen bestehen. Nachdem aufgrund der derzeitigen Erkenntnisse Schlingen aus Polypropylen zumindest in aktivem Gewebe unvermeidlicher Erosion und Bio-Degradation unterliegen, werden zunächst die derzeitig üblichen Hinterkammer-Linsentypen durch einstückige PMMA-Linsen ersetzt werden. Mittlerweile sind die für die Fertigung dünnster, hochflexibler PMMA-Teile notwendigen Technologien verfügbar, und erste Linsentypen haben bereits das Laborstadium hinter sich gelassen. Als Beispiel kann man die BECHERT-Linse erwähnen, die bereits heute in Stückzahlen von einigen Tausend mit bestem Erfolg implantiert wurde (Abb. 1.23).

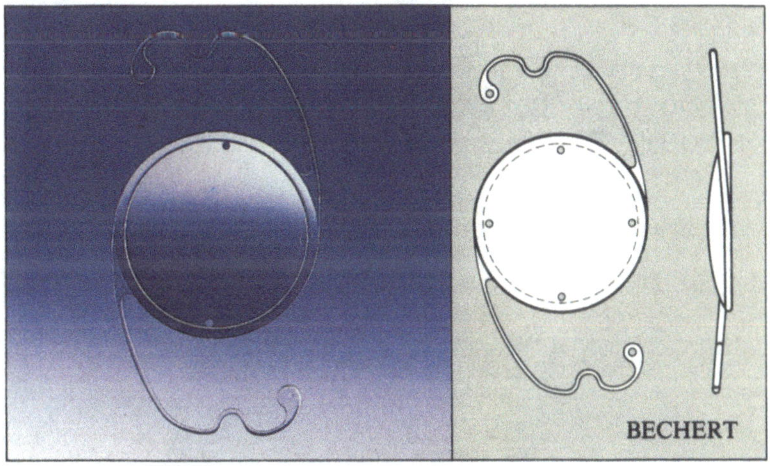

Abb. 1.23

Das derzeit ebenfalls zur Anwendung kommende PMMA-Schlingenmaterial — das als Ersatz für die Polypropylenschlingen dient — ist nach wie vor umstritten. Verbindlich kann nur gesagt werden, daß es sich um ein völlig anderes PMMA handelt als das Bewährte, wie etwa Perspex CQ (R). So hat etwa das von mehreren Herstellern verwendete VS-100-PMMA-Schlingenmaterial ein Molekulargewicht, das um den Faktor 40 niedriger liegt als das von Perspex CQ.

Eine weitere zukünftige Entwicklung stellen intraokulare Linsen aus Silikon dar. Diese haben den Vorteil, daß sie sich zusammenfalten und so durch eine nur 3 mm weite Inzision implantieren lassen, zusätzlich zeigen sie eine geringere Empfindlichkeit gegenüber der YAG-Laserapplikation. Der Vorteil — allerdings nur bei Anwendung der Phakoemulsifikationsmethode — liegt auf der Hand.

Potentielle Gefährdungen können sich aus dem weitgehend unbekannten Langzeitverhalten der verwendeten Silikone ergeben.

Entwicklungsgeschichte der intraokularen Linsen

	Hinterkammer-Linsen	Vorderkammer-Linsen	Irisfixierte Linsen
1951	**Ridley** bügellos, schwer 112 mg, Acrylglas, medizinisch ungeeignet, 23% Komplikationen 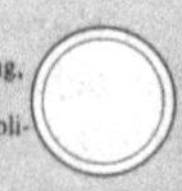		
1953		**Strampelli** med. ungeeignetes Acrylglas, schlechte Verarbeitung, hohe Komplikationsrate 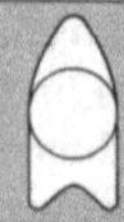	**Epstein** zu schwer, schlechte Verarbeitung, hohe Komplikationsrate 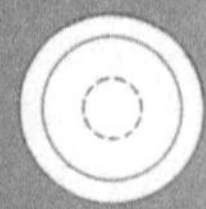
1955		**Dannheim** Nylon-Bügel lösen sich auf, schlechte Verarbeitung, hohe Komplikationsrate 	
1957			**Binkhorst** 
1959	**Strampelli** Nylon-Bügel lösen sich auf 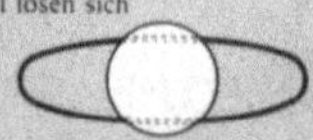		
1960	**Ridley** schlechte Verarbeitung, Design flach, hohe Komplikationsrate 		
1962			**Epstein** 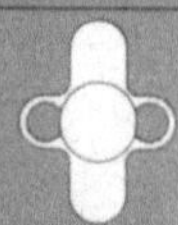
1963		**Choyce MK 8** 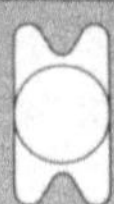	
1976	**Shearing** 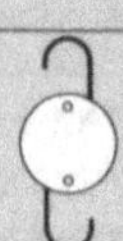	**Tennant** 	
1979	**Simcoe** 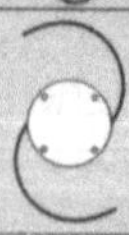		
1981	**Jacobi** 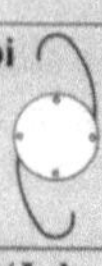 **Kratz** 	**Azar** 	
1983	**Kratz/Johnson** 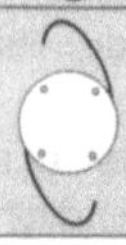	**Kelman Omnifit** 	

Literatur zum Kapitel »Entwicklungsgeschichte der intraokularen Linsen«

1) Biomedical Business International, verschiedene Ausgaben, 1983
2) Holladay, J.T., Bishop, J.E., Prager, T.C., Blaker, J.W.: »The Ideal Intraocular Lens«, CLAO Journal, Vol. 9, January 1983
3) Clayman, H.M.: »Posterior Chamber Phacoemulsification«, Precision Cosmet, 1982
4) Fechner, P.U.: »Intraokulare Linsen«, Ferdinand-Enke-Verlag, Stuttgart, 1980
5) IOLAB-Veröffentlichung, IOL, Oktober 1983
6) Keates, R.H., Lembach, R.G.: »Intraocular Lens Implantation«, Precision Cosmet, 1982
7) Kelman, C.D.: »Planned Extracapsular Cataract Extraction«, Precision Cosmet, 1982
8) Kratz, R.P.: »Extracapsular Cataract Extraction«, Precision Cosmet, 1983
9) Perritt, R.A.: »Intraocular Lens Implantation from Ridley to present, My 25 Years Experience« Intraocular Implant Update, 1979
10) Stark, et al.: »The FDA Report on IOL«, AAO 1983
11) Stark, Leyske, Worthen, Murray: »Trends in Cataract Surgery and IOL in the US«, AJO 96, 1983
12) Tennant, G.L.: »A Primer of Cataract and IOL Surgery«, Dallas Eye Institute, 1981
13) Worthen: »FDA Study of IOL«, AAO 1983
14) Apple, D.J., Mamalis, N., Brady, S.E., Loftfield, K., Kavka-van Norman, D., Olson, R.J.: »Biocompatibility of Implant Materials: A Review and Scanning Electron Microscopic Study«, Am. Intra-Ocular Implant Soc. J., Vol. 10, Winter 1984

2. Materialien, Herstellungsverfahren und Sterilisierung

Die erste in der modernen Ophthalmologie verwendete intraokulare Linse, die 1949 von Ridley entworfen und implantiert wurde, bestand bereits aus dem gleichen Basismaterial, aus dem bisher bis auf eine kleine Ausnahme alle intraokularen Linsen gefertigt wurden, nämlich Polymethylmetacrylat oder chemisch Polymethacrylsäuremethylester (PMMA), (Abb. 2.1).

Die chemische Formel von PMMA ist wie folgt:

Abb. 2.1

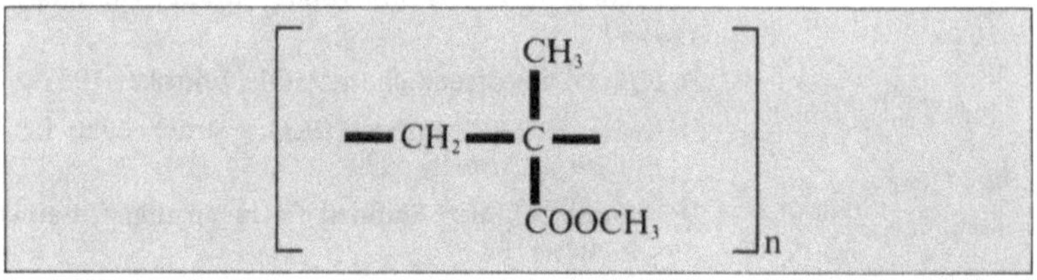

Von seinen chemischen und physikalischen Eigenschaften her ist PMMA das zur Zeit beste bekannte Material für intraokulare Linsen. Es verbindet ein niedriges spezifisches Gewicht von 1,19 p/cm³ mit einem Brechungsindex von 1,49 (es handelt sich hierbei um einen Mittelwert; für verschiedene Wellenlängen ist der Brechungsindex leicht unterschiedlich). Weiterhin ist PMMA selbst — soweit bekannt — chemisch inert. Gründe dafür, daß sich auch mit diesem Material in der Anfangszeit der intraokularen Linsen Schwierigkeiten ergeben haben, liegen zum einen in dem damals unzureichenden Herstellungsverfahren (Kanten, Schlingen usw.), an den ungenügenden Konstruktionen (großes Gewicht usw.) und zum anderen an der unvermeidlichen Abgabe bei der Herstellung des PMMAs verwendeter Additive sowie zur Politur verwendeter Schleifmittel. Wie jeder andere Kunststoff benötigt auch PMMA für seine Herstellung Zusatzstoffe, die die späteren Eigenschaften des fertigen Werkstoffes mitbestimmen. Sind diese Zusatzstoffe zur Zeit der Implantation nicht in genügendem Maße aus dem Werkstoff entfernt, werden sie im Laufe der Zeit an das umgebende Medium abgegeben, und auf diese Weise können Folgeschäden entstehen. Der heute üblicherweise verwendete Typ von PMMA für die intraokularen Linsen ist das Perspex CQ(R) der Firma ICI. Hiermit liegen weltweit die längsten positiven Erfahrungen vor. Während das PMMA des Linsenkörpers selbst — wie bereits ausgeführt — chemisch inert und auch unter Einwirkung von ultravioletter Strahlung, die insbesondere in der Vorderkammer im nahen UV-Bereich noch relativ intensiv ist, stabil bleibt, trifft dies für das für die Schlingen üblicherweise verwendete Polypropylen nicht im gleichen Umfang zu. Entsprechende Untersuchungen von YAMANAKA, MUXFELD, APPLE u.a. zeigen eindeutig ein Nachlassen der Zugfestigkeit von Polypropylen unter Einfluß von UV-Strahlung sowie eine Erosion der Oberfläche bei Kontakt mit biologisch aktivem Gewebe. Untersuchungen sowohl der amerikanischen Zulassungsbehörde FDA als auch von Herstellerfirmen zeigen eine erhöhte Anzahl von Reaktionen (Mikroblutungen, erhöhter Augeninnendruck und zystoides Macula-Ödem) besonders bei Patienten mit Vorderkammerlinsen, die über Polypropylenschlaufen abgestützt sind. Dies führte zu mehreren Rückrufen von entsprechenden Vorderkammerlinsen verschiedener Hersteller im Laufe der letzten 12 Monate. Obwohl in diesen Fällen sicherlich eine Kombination von mehreren Ursachen vorliegt, scheint es erwiesen, daß der Werkstoff Polypropylen für die Verwendung in Vorderkammerlinsen mit Skepsis zu betrachten ist.

Für Hinterkammerlinsen liegen dagegen bisher weniger entsprechende Erkenntnisse vor. Da das früher für die Herstellung von Schlaufen intraokularer Linsen verwendete Polyamid aufgrund seiner hygroskopischen Eigenschaften eindeutig ungeeignet war, ging man bereits sehr früh dazu über, zumindest bei Vorderkammerlinsen für Optik und Haptik ausschließlich PMMA zu verwenden. Da die Fertigungstechniken für PMMA-Produkte — insbesondere für Massenprodukte wie intraokulare Linsen — relativ kompliziert sind, beschränkten sich derartige Linsenkonstruktionen in der Vergangenheit auf die starren Vorderkammerlinsen wie etwa CHOYCE- und TENNANT-Linsen.

Erst seit jüngster Zeit existieren auch für die Vorderkammer und selbst für Hinterkammeranwendungen einstückige, flexible Linsen aus PMMA, wie etwa die KELMAN OMNIFIT II für die Vorderkammer und die BECHERT-Linse für die Hinterkammer. Da die Biegesteifigkeit von PMMA wesentlich geringer ist als die von Polypropylen und da bei falscher Linsenkonstruktion aufgrund von konzentrierten Biegespannungen sehr leicht Oberflächenrisse entstehen, in die Gewebe einwachsen kann, sind an die Konstruktion derartiger Linsen besonders hohe Anforderungen zu stellen. Dies scheint jedoch bei modernen Linsen hervorragend gelöst zu sein. Ein Zeichen hierfür ist etwa, daß die KELMAN-OMNIFIT II-Linse bisher über 10.000mal implantiert wurde, ohne daß irgendwelche negativen Reaktionen aufgrund dieser Ursachen bekannt geworden wären.

Selbstverständlich hat es auch in der Vergangenheit Versuche gegeben, intraokulare Linsen aus Glas herzustellen. Derzeitig existiert jedoch kein Unternehmen mehr, das derartige Linsen herstellt. Vorteile von Glas sind seine hohe optische Qualität und seine absolute Reaktionslosigkeit im Auge. Nachteile sind sein hohes Gewicht und die schwere Bearbeitbarkeit, die die Verwendung von Schlingen aus Polypropylen ausschließt. Derartige Linsen wurden statt dessen mit einer Haptik aus Polyamid hergestellt, an die die tragenden Schlingen aus dem gleichen Material ansetzten. Gegenüber allen anderen intraokularen Linsen hat diese Linsenart den Vorteil, daß sie Temperatur-sterilisierbar ist. Nachteilig ist dagegen — wie schon erwähnt — das hohe Gewicht, das sich weniger statisch als vielmehr durch die hohen dynamischen Kräfte bei Augenbewegungen negativ bemerkbar machen kann, hauptsächlich jedoch die Bruchgefahr bei Beschuß mit einem YAG-Laser. In Entwicklung ist ferner eine Linse aus Silikon, über die derzeit jedoch nur wenig bekannt ist, da noch keine Herstellungsgenehmigung vorliegt und kaum Versuche an menschlichen Augen durchgeführt wurden. Der entscheidende Nachteil ist — wie bei den bekannten Silikon-Kontaktlinsen — das hohe Gewicht und der Umstand, daß nahezu alle bekannten Silikone lipophil sind, wodurch im Laufe der Zeit ein Quellen des Linsenkörpers hervorgerufen wird, das zu einer erheblichen Verminderung der optischen Qualität führen kann. Die weitere Entwicklung auf diesem Sektor ist abzuwarten.

Für die Herstellung von intraokularen Linsen sind derzeit vier unterschiedliche Methoden gebräuchlich:

1 Das weltweit am häufigsten eingesetzte Schleif-Schneid-Verfahren (lathe cutting). Beim Schleif-Schneid-Verfahren handelt es sich um eine spanabhebende Methode. Aus einer plan-parallelen Platte entsprechender Dicke aus PMMA wird der Linsenrohling ausgestanzt oder mit einem Hohlbohrer ausgeschnitten, um Materialspannungen infolge des Stanzvorganges zu ver-

meiden. Der ausgestanzte Rohling (ca. 1,5 mm dick, 6,2 mm ∅) wird mit Hilfe eines Stückes doppelseitig klebender Folie auf einen bleistiftförmigen Werkzeughalter aus Stahl aufgeklebt und unter genormtem Druck für eine festgelegte Zeit angedrückt. Der Werkzeughalter wird in das Futter einer Drehbank gespannt, wonach unter Verwendung eines drehenden diamantbestückten Schneidkopfes der Linsenrohling in die endgültige Form geschnitten wird. Aufgrund der hohen Relativgeschwindigkeit zwischen Werkstück (Linsenkörper) und Werkzeug entsteht hierbei eine Oberfläche sehr hoher Qualität. Die hierfür verwendeten Werkzeugmaschinen sind numerisch gesteuert, so daß für die Herstellung verschiedener Dioptrien, d.h. verschiedener Krümmungsradien der Linsenoberfläche, nur ein anderes Programm verwendet wird.

Diese Bearbeitung erfolgt ohne Zugabe irgendwelcher Poliermittel. Eine anschließende Politur erfolgt in den meisten Fällen mit Hilfe eines Taumelprozesses unter Verwendung eines Poliermittels. Da dieses Poliermittel stets in geringen Restanteilen auf der Linsenoberfläche zurückbleibt, muß danach eine äußerst sorgfältige Reinigung erfolgen, da Reste des Poliermittels im Auge unweigerlich zu Reaktionen führen würden.

Im weiteren Herstellungsgang wird die Linse nun zur Aufnahme der Schlingen gebohrt. Dieser Vorgang erfolgt üblicherweise von Hand. Die Schlingenbefestigung erfolgt danach, falls Polypropylenschlingen verwendet werden, ebenfalls von Hand, wobei die Schlinge nach dem Einführen in die Bohrung des Linsenkörpers durch Druck mit einem spitzen, geheizten Werkzeug oder durch einen Schuß mit einem Rubinlaser verstemmt wird. Die Formgebung der Schlinge erfolgt über ein geheiztes Werkzeug, um das das Schlingenmaterial gewickelt wird. Das Schneiden der Schlinge auf die gewünschte Länge erfolgt nach Erkalten. Für die Bearbeitung der Schlingenenden bestehen zwei Möglichkeiten: entweder wird das Schlingenende abgeschnitten und in einem Handprozeß poliert, oder es wird mit einem heißen Werkzeug eine knotenförmige Verdickung am Schlingenende angebracht. Beide Schlingenformen haben Vor- und Nachteile. Während die knotenförmige Verdickung am Schlingenende ein Verhaken der Schlinge beim Einführen in die Vorderkammer sowie beim Führen durch die Pupille und über die Iris verhindert, hat dieselbe Verdickung den Nachteil, daß eine unter Umständen notwendig werdende Explantation sich schwieriger gestalten kann, wenn die Schlinge von Gewebe überwuchert wird.

2. Ein weiterhin verwendetes Herstellungsverfahren ist der Spritzguß. Hierbei wird das erhitzte flüssige PMMA in eine vorgeheizte Form unter Druck eingespritzt und erkaltet dort. Dieses ermöglicht eine hohe Oberflächengüte, kann aber erhebliche Nachteile besitzen, falls bei der Herstellung der Linsen nicht genügend Sorgfalt auf eine ausreichende Vorheizung der Druckgußformen gelegt wird. In diesen Fällen ist eine Schrumpfung des Linsenkörpers beim Erkaltungsprozeß insbesondere im zentralen Teil der Linse unvermeidlich. Größte Sorgfalt ist bei diesem Herstellungsverfahren auf die Bearbeitung der Linsenkanten zu legen, da diese nach dem Druckgußprozeß üblicherweise gratig und scharf sind. Ein weiterer Nachteil dieser Art der Linsenfertigung liegt darin, daß das PMMA nach Herstellung auf diese Weise weniger hochgradig polymerisiert ist.

Ein zusätzlicher Nachteil kann darin bestehen, daß sich nach diesem Verfahren hergestellte Linsen sehr leicht verziehen, wodurch insbesondere bei einstückigen Vorderkammerlinsen teilweise erhebliche Unebenheiten verursacht werden.

3. Das dritte verwendete Verfahren ist das Thermo-Kompressions-Verfahren, das die Vorteile von den beiden oben genannten Verfahren vereinigt. Hier wird wie beim erstgenannten Verfahren ein Linsenrohling ausgestanzt oder ausgebohrt, der danach unter hohem Druck in einem entsprechenden Werkzeug vorgeformt wird. Hierdurch entstehen außerordentlich hohe Polymerisationsgrade, die zu einer hohen optischen Qualität führen. Die Oberflächenbearbeitung erfolgt danach im Schleif-Schneid-Verfahren wie bereits oben beschrieben. Alle weiteren Herstellungsgänge sind bei den genannten Verfahren die gleichen.
4. Die vierte angewendete Methode ist das Press-Polymerisations-Verfahren. Hierbei wird das PMMA als Granulat in eine entsprechende Form eingebracht und unter Druck und Temperatur polymerisiert. Das Abkühlen des Linsenkörpers erfolgt ebenfalls noch in der Form.

Die Herstellung von einstückigen PMMA-Linsen, d.h. solchen Linsen, bei denen Schlingen und Linsenkörper aus einem Stück bestehen, erfordert kleine Abwandlungen der oben genannten Herstellungsverfahren. Es ist nicht möglich, in diesem Fall den runden Linsenkörper in einem getrennten ersten Arbeitsgang herzustellen, sondern die gesamte Linse muß bereits am Anfang in grober Vorformung bestehen. Dies wird bewerkstelligt, indem entweder nach dem Spritzguß-Verfahren die Linse insgesamt gespritzt wird oder indem beim Thermo-Druck-Verfahren die Grobform des Linsenkörpers nicht ausgebohrt, sondern gestanzt oder gefräst wird. Die weitere Bearbeitung erfolgt in der beschriebenen Weise. Eine Herstellung solcher Linsen ausschließlich nach dem Schleif-Schneid-Verfahren ist nicht möglich.

Unabhängig von der Art des Herstellungsverfahrens müssen bei jeder Fertigung Qualitätssicherungsmaßnahmen in hoher Anzahl durchgeführt werden. Es muß von seiten des Herstellers sichergestellt sein, daß nach jedem Herstellungsschritt eine hundertprozentige Inspektion erfolgt und daß weiterhin jede einzelne Linse während ihres gesamten Herstellungsvorganges dokumentiert wird. Es sei hier angemerkt, daß bei renommierten Herstellern 90 % Ausschußproduktion normal sind. Dies mag einer der Gründe für Preis- und Qualitätsunterschiede sein.

Zweifelsfrei lassen sich gerade hier Herstellungskosten in erheblichem Umfang sparen, was zu einem möglichen Billigangebot von intraokularen Linsen führen kann. Da in der Bundesrepublik Deutschland keinerlei Vorschriften zur Qualitätskontrolle existieren, liegt die Verantwortung für die Verwendung der jeweiligen Linsenarten ausschließlich beim implantierenden Arzt.

Der letzte Schritt in der Herstellung von intraokularen Linsen ist die Sterilisation. Hierfür existieren heute zwei Möglichkeiten, nämlich die sogenannte Naß- und die Trockensterilisierung. Während die Naßsterilisierung nur noch für Europa Bedeutung hat und in ihrem Umfang in den letzten Jahren auch hier erheblich zurückgegangen ist, existiert in den USA ausschließlich die Trockensterilisierung, da die Naßsterilisierung von der FDA nicht zugelassen ist.

Die Geschichte der Sterilisierung intraokularer Linsen ist naturgemäß so alt wie die der intraokularen Linsen selbst. Die bevorzugte Sterilisierungsmethode in den ersten 15 Jahren der modernen Geschichte der intraokularen Linsen war die unter Verwendung von 1%igem Cetrinit, die RIDLEY bereits 1949 für seine erste implantierte Linse anwandte. Trotz massiver postoperativer Reaktionen in Form von Ablagerungen von fibrinösem Material auf der Linse, Iridocyklitis und weiteren ernsten Vorderkammer-Reaktionen, über die nahezu alle Veröffentlichungen aus den Jahren zwischen 1950 und 1960 berichteten, war die genannte Art der Sterilisierung die einzig angewandte. Zu Beginn der 60er Jahre wurden diese Erscheinungen als nahezu unvermeidlich hingenommen, da sie bei jedem, auch beim erfahrensten Chirurgen auftraten. 1957 schlug BINKHORST eine Sterilisierung mit ultravioletter Strahlung einer Wellenlänge von 2.537 nm vor, die er auch bis 1962 durchführte. Danach wurde diese Methode fallengelassen, da sich herausstellte, daß ultraviolette Strahlung depolymerisierende Wirkung auf PMMA und auf das für Schlingen verwendete Polypropylen hat. 1957 schlug RIDLEY selbst als erster eine Sterilisierung mit Natriumhydroxyd vor und entwickelte die heute noch angewandte Methode einer Sterilisierung in 10%iger Natriumhydroxyd-Lösung bei 30° C für 1 Stunde, die sogenannte RIDLEY-Sterilisation. Erst 1963 wurde jedoch diese Methode zum allgemein anerkannten Standard der Sterilisierung intraokularer Linsen. In der Mitte der 70er Jahre wurde dann die Gassterilisierung mit Äthylenoxyd eingeführt, die sich seither als zweite allgemein verwendete Methode durchsetzte und die nach dem Verbot der Naßsterilisierung in den USA im Februar 1978 die weltweit überwiegend und heute fast ausschließlich angewandte Sterilisierungsmethode ist.

Die Naßsterilisierung erfolgt nach letzter Reinigung im Ultraschallbad durch Natronlauge, indem die Linsen für ca. 3 Stunden in 10%iger Natronlauge aufbewahrt werden. Danach werden die Linsen üblicherweise in einen Versandbehälter mit 0,1%iger Natronlauge eingebracht. Öffnen dieser Verpackung und Neutralisieren in 1%iger Natriumhydrogencarbonatlösung erfolgen erst unmittelbar vor der Implantation im OP. Danach ist noch ein Wässern in physiologischer Kochsalzlösung für ca. 1/2 Stunde angebracht. Um die Möglichkeit einer Kontamination der Natriumhydrogencarbonatlösung zu senken, wird üblicherweise das Versandgefäß mit der Neutralisierungslösung durch Gammastrahlen sterilisiert. Dies muß jedoch erfolgen, bevor die intraokulare Linse in den Behälter eingebracht wird, da die Gammastrahlen insbesondere das Polypropylenschlingenmaterial zersetzen.

Nach zwei Serien von Unfällen, zunächst im Jahr 1975 durch Kontamination der Neutralisierlösung mit einer Pilzinfektion und 1976 durch Verwechslung der Neutralisierungsflüssigkeit mit der Sterilisierflüssigkeit, wurde die Naßsterilisation in den USA verboten.

Die Trockensterilisierung erfolgt in einer Unterdruckkammer durch Äthylenoxydgas. Die Sterilisierungskammer wird hierzu auf ca. 25 mm Hg evakuiert, die Luftfeuchtigkeit wird durch Einbringen einer Schale mit Wasser erhöht, wonach Äthylenoxyd in einer Konzentration von ca. 1.000 ppm eingebracht wird. Das Sterilisieren erfolgt in der Linsenverpackung, da das Äthylenoxyd durch diese Verpackung hindurch diffundiert. Bei der Diffusion des Äthylenoxyds in das PMMA des Linsenkörpers entstehen als unerwünschte Stoffe Äthylenglycol und Chlorhydrin. Beide Stoffe und das in die Linse und Verpackung diffundierte Äthylenoxyd müssen nach der Gassterilisierung entfernt werden, indem die Linsen für bestimmte festgelegte Zeiten unter Vakuum entlüftet werden. In den USA sind hierfür folgende zulässige Restmengen von FDA-Vorschriften in Kraft:

Äthylenoxyd	25 ppm
Chlorhydrin	25 ppm
Äthylenglycol	250 ppm

Die Messung dieser Restmengen gestaltet sich in der Praxis schwierig, da die Masse an PMMA einer einzigen Linse viel zu gering ist, um eine einigermaßen sichere Messung der Restwerte zu erlauben. Aus diesem Grund ist es notwendig, 1.000 und mehr Linsen gleichzeitig mit Hilfe der Gaschromatographie zu messen. Dieses Sterilisierungsverfahren hat jedoch im Laufe der letzten Jahre durch ständige Verbesserung soviel Sicherheit gewonnen, daß die Verwendung von äthylenoxyd-sterilisierten intraokularen Linsen mit ihrer einfachen Anwendung bedenkenlos akzeptiert werden kann (siehe auch Kapitel »Komplikationen«).

Untersuchungen von BOYANER und SOLOMON 1979 zeigen, daß trockensterilisierte Linsen unmittelbar während der postoperativen Periode eine höhere Zahl von Vorderkammer-Reaktionen zeigen als naßsterilisierte Linsen. Nach den ersten zwei Wochen sind jedoch keine Unterschiede mehr feststellbar. Seither sind auch die unmittelbar postoperativen Reaktionen erheblich geringer geworden, da diese hauptsächlich auf unzulängliche Qualitätssicherungsmaßnahmen der Hersteller zurückzuführen waren. Zum einen waren die Reste der damals verwendeten toxisch wirkenden Poliermittel nach der Behandlung nicht in genügender Weise von den Linsenoberflächen entfernt worden. Die Aufbewahrungslösung von 0,1%igem Natriumhydroxyd übernahm daher zusätzlich die Funktion eines Abwaschens dieser Poliermittel-Rückstände in der Lagerperiode. Zum zweiten wurde die Entlüftung nach der Gassterilisation nicht im Vakuum und nicht für genügend lange Zeit durchgeführt. Mit den heute zur Verfügung stehenden Reinigungsprozessen und dem Vakuum-Entlüftungsverfahren konnten diese Probleme vollständig beseitigt werden.

Neuerdings wird als Schlingenmaterial auch fadenförmig extrudiertes PMMA verwendet. Da die Schlingen naturgemäß sehr dünn sein müssen, erfordert die Herstellung von PMMA-Fäden Additive, um die Flexibilität des Materials zu erhöhen. Diese Additive bergen die Gefahr, daß sie im Auge wieder ausgeschieden werden und toxische Reaktionen hervorrufen können. Diesem Verfahren vorzuziehen sind deshalb in jedem Fall die einstückigen flexiblen Vorderkammer- und Hinterkammerlinsen aus Perspex CQ. Hierzu kommt ein gravierender Unterschied im Molekulargewicht, das beim Perspex CQ z. B. bei etwa 4.000.000 liegt, beim extrudierten PMMA jedoch nur bei ca. 100.000. Nach Untersuchungen von HESSBURG wird das Molekulargewicht bereits nach 6 - 12 Monaten in situ durch biologischen Abbau auf 50.000 erniedrigt. Dieses Material ist daher wesentlich weniger stabil als das für den Linsenkörper verwendete PMMA.

Literatur zu den Themen »Materialien, Herstellungsverfahren und Sterilisierung«

1) Binkhorst, C.D.: »Sterilization of Intraocular Acrylic Lens Prostheses with Ultraviolet rays«, Brit. J. Ophthalmology, 40: 665, 1956

2) Binkhorst, C.D.: »Use of the Pupillary Lens (Iris clip lens) in Aphacia«, Brit. J. Ophthalmology, 46: 343, 1962

3) Boyaner and Solomon: Am. Intra-Ocular Implant Soc. J., Vol. 6, Juli 1980

4) Choyce, P.: »Intraocular Lenses and Implants«, London, H.K. Lewis, 1964

5) Drews, R.C.: »Intraocular Lens Recalls«, Washington University, St. Louis

6) Fechner, P.U.: »Intraokulare Linsen«, Ferdinand-Enke-Verlag 1980

7) Ridley, H.: »Safety Requirements for Acrylic Implants«, Brit. J. Ophthalmology, 41:359, 1957

8) Saubermann, G.: »Über Resultate nach Kunststofflinsen-Implantation«, Ophthalmologica 129: 247, 1955

9) Worst, J.G.F.: »A Retrospective View on the Sterilization of Intraocular Lenses and the Incidence of Sterile Hypopyon«, Am. Intra-Ocular Implant Soc. J., Vol. 6, Januar 1980

10) Hessburg, P.: »My Experience with Anterior Chamber IOL«, 3rd International Congress on Cataract Surgery and Visual Rehabilitation, May 9-12, 1984, Florenz

11) Mowbray, S.L., et al.: »Estimation of the useful Lifetime of polypropylene fiber in the anterior chamber«, Am. Intra-Ocular Impl. Soc. J., Vol. 9, 1983

12) Lerman, S.: »Effect of Ultraviolet Radiation (300 - 400 nanometers) on Polypropylene«, Am. Intra-Ocular Implant Soc. J., Vol. 9, 1983

13) Apple, D.J., et al.: »Biocompatibility of Implant Materials: A Review and Scanning Electron Microscopic Study«, Am. Intra-Ocular Implant Soc. J., Vol. 10, Winter 1984

3. Statistik der Intraokularen-Linsen-Implantation

Der vorstehende Überblick über die Entwicklungsgeschichte der intraokularen Linsen zeigt deutlich eine Beschleunigung der Entwicklung ab etwa 1978. Dies hängt naturgemäß zusammen mit der Zahl der Implantationen, die seit dieser Zeit ebenso sprunghaft anstieg. Der Zusammenhang ist prinzipiell der gleiche wie auch auf anderen Gebieten — verfeinerte Fertigungstechniken und geeignete Materialien führen zu niedrigeren Komplikationsraten und damit zu besserer Akzeptanz bei Arzt und Patient. Die Akzeptanz führt zu mehr Implantationen, die höhere Stückzahl an intraokularen Linsen führt zu höherem Interesse seitens der herstellenden Industrie, die Preise für die Implantate sinken, mehr Mittel werden investiert in Forschung und Entwicklung — womit sich der Kreis schließt.

Die Zahl der Hersteller ist mittlerweile auf etwa 17 angewachsen, und der genannte Mechanismus droht negative Auswirkungen auf der Herstellerseite zu zeigen: neue Anbieter, die das Potential des Marktes erkannt haben, versuchen mit Kosteneinsparungen, die üblicherweise zu Lasten der Qualität gehen, Marktanteile zu gewinnen — ein gefährliches System, da Schäden durch mangelhafte Qualität der Implantate sich üblicherweise erst spät zeigen.

Die folgenden statistischen Ergebnisse beruhen für die USA (Tab. 3.1) auf Auswertungen einer FDA-Studie sowie auf neuesten Umfragen, für die BRD auf Auskünften von Krankenkassen, Ärzten und Angaben von Herstellern.

	1978	1979	1980	1981	1982	1983[E]
Katarakt-OP's gesamt	375	417	467	541	618	700
davon: ECCE	25	59	105	160	268	395
ICCE	345	351	352	366	330	280
Sonstige	5	7	10	15	20	25
IOL-Implantation	90	135	191	297	427	595
%-Anteil OP's mit Implantation	24	32	41	55	69	85

Tab. 3.1: Übersichtszahlen von 1978 - 1983 in den USA (Angaben in 1000)

Tabelle I gibt einen Überblick über die Entwicklung in den letzten 5 Jahren, die die bereits erwähnten Umstände widerspiegelt. Bemerkenswert sind in der Hauptsache zwei deutliche Wandlungen, nämlich zum ersten die deutliche Verschiebung der Operationstechniken von der intrakapsulären zur extrakapsulären Kataraktextraktion. Während die ICCE von 92 % Anteil an den Kataraktextraktionen 1978 auf 40 % 1983 abgesunken ist, ist der Anteil der ECCE von 6 % 1978 auf 56 % 1983 angestiegen. Die zweite Änderung ist der Anteil der Linsenimplantationsrate, der sich von 24 % 1978 auf 85 % 1983 erhöhte. Diese Rate gibt den Anteil der Kataraktoperationen mit anschließender Implantation einer Kunstlinse zu denen ohne nachfolgende Implantation an. Die beiden folgenden Diagramme zeigen die Änderungen in den Anteilen der großen Linsentypen (Diagramme 3.1 und 3.2).

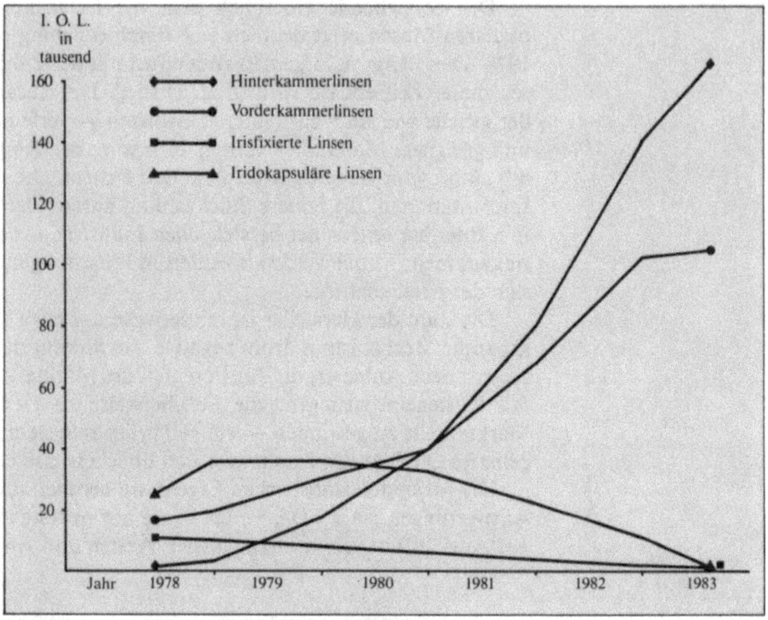

Diagramm 3.1: Entwicklung der Linsentypen

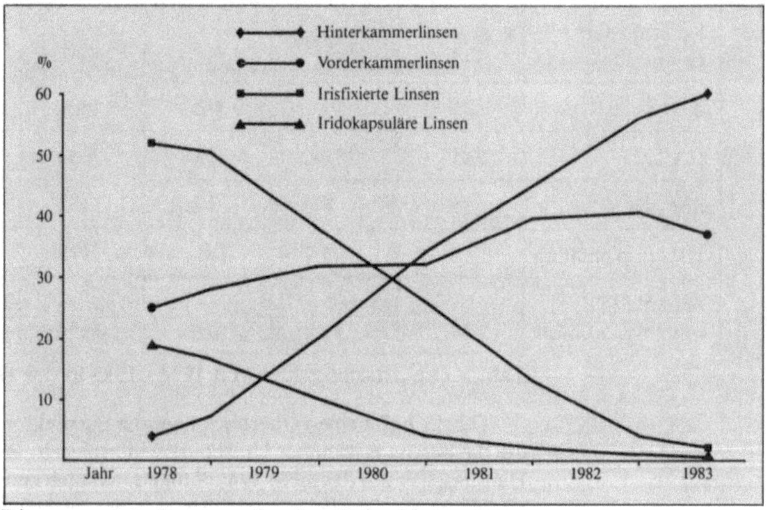

Diagramm 3.2: Prozentualer Anteil der Linsentypen

Während noch 1978 die Iris-fixierten Linsen eindeutig dominierten und die iridokapsulären Linsen noch einen erheblichen Anteil von 19 % hatten, sind diese beiden Linsentypen 1983 bis zur praktischen Bedeutungslosigkeit herabgesunken. Vorderkammer-Linsen haben ihren Anfangsanteil von 25 % auf 37 % erhöht, sinken aber seit 1983 anteilsmäßig wieder ab. Die Hinterkammer-Linsen dagegen steigerten ihren Anteil von 4 % 1978 auf 60 % 1983.

Die folgende Tabelle 3.2 zeigt eine Übersicht über die Höhe postoperativer Reaktionen und ihre Zuordnung zu den verschiedenen Typen intraokularer Linsen.

	VK	IF	IC	HK	gesamt
Hypopyon	0,17	0,34	0,18	0,7	0,21
Infektionen	0,11	0,15	0,07	0,05	0,12
Corneale Dekompensation	0,1	0,25	0,11	0,05	0,15
Sekundär-Operationen	1,42	1,97	1,45	0,3	1,48
gesamt	1,8	2,64	1,81	0,47	1,94

Tab. 3.2: Prozentualer Anteil (%) postoperativer Reaktionen

Es ist jedoch mit Nachdruck darauf hinzuweisen, daß unterschiedliche Autoren auch zu völlig unterschiedlichen Ergebnissen kommen. Es handelt sich hier um statistische Mittelwerte aus vielen entsprechenden Auswertungen.

Und schließlich ein Überblick, in welcher prozentualen Häufigkeit ein Visus von 20/40 oder besser innerhalb von 6 - 12 Monaten postoperativ erreicht wurde (Tab. 3.3):

HK	VK	IF	IC
84%	78%	80%	82%

Tab. 3.3: Visus 20/40 oder besser, 6 - 12 Monate postoperativ

Vergleichbares statistisches Zahlenmaterial zu dem oben für die USA angeführten ist für die Bundesrepublik Deutschland und andere europäische Länder nicht erhältlich. Alle Informationen über Marktgrößen beruhen nur auf Schätzungen von Herstellern und Ärzten. Hier die Daten für die 4 in der Kataraktchirurgie führenden Länder in Europa für 1983 (Tab. 3.4):

	Katarakt-OP's (1000)	Implantationsrate —(%)	IOL-Zahl (1000)
BR Deutschland	95	25	25
Großbritannien	88	11	10
Niederlande	22	36	8
Frankreich	90	33	30

Tab. 3.4: Implantationen in europäischen Ländern

Die Verteilung auf die unterschiedlichen Linsentypen ist dagegen derzeit völlig anders als in den USA, wie folgende Tabelle 3.5 zeigt:

HK	VK	IF	IC
80%	8%	12%	1%

Tab. 3.5: Anteil von Linsentypen an Implantationen

Betrachtet man allerdings die Entwicklung der Jahre 1982/1983, stellt man mit Ausnahme der Vorderkammer-Linsen — bei der der amerikanische Trend dem europäischen nach unten folgt — in Deutschland den gleichen Trend fest wie in den USA (Tab. 3.6).

	HK	VK	IF	IC
1982	49%	8%	40%	3%
1983	80%	8%	12%	1%

Tab. 3.6: Häufigkeit der Verwendung von intraokularen Linsentypen 1982/83

Wie die Entwicklung neuer Typen intraokularer Linsen zeigen auch die obigen Zahlen bei den Häufigkeiten von Implantationen und der Verwendung von bestimmten Typen intraokularen Linsentypen in den letzten Jahren sehr starke Änderungen mit eindeutigen Trends. Es ist mit Sicherheit davon auszugehen, daß sowohl der Trend zu einem höheren prozentualen Anteil von Implantationen nach Kataraktextraktionen als auch der Trend zur Hinterkammer-Linse in den kommenden Jahren sehr stark sein wird.

4. Die präoperative Brechkraftbestimmung intraokularer Linsen

Nach der ersten Implantation einer intraokularen Linse durch RIDLEY im Jahre 1949 vergingen annähernd 20 Jahre, bis FJODOROV 1967 zum ersten Mal eine mathematische Formel aufstellte, die es ermöglichte, die Brechkraft von zu implantierenden intraokularen Linsen vor der Operation analytisch zu erfassen und zu berechnen. *Im Jahre 1980 publizierten dann SANDERS, RETZLAFF und KRAFF ihre sogenannte SRK-Formel,* die auf völlig anderen Prinzipien beruht als alle bis dahin angewandten Berechnungsformeln. So stehen derzeit *4 grundsätzlich unterschiedliche Methoden* zur Brechkraftbestimmung von zur Implantation geplanten intraokularen Linsen zur Verfügung, nämlich

1) die Implantation einer Standardlinse immer gleicher Brechkraft unabhängig von individuellen Patientendaten,
2) die Bestimmung der Brechkraft nach der primären Refraktion,
3) die Berechnung nach Messungen unter Anwendung einer sogenannten theoretischen Formel und
4) die Berechnung nach der SRK-Formel.

Obwohl die in allen Formeln verwendete Mathematik grundsätzlich einfach ist, wird die gesamte Materie dadurch unübersichtlich, daß verschiedene Forderungen an Implantate zu stellen sind, die teilweise widersprüchlich zueinander sind. Zudem sind die meisten Formeln infolge der hohen Variablenzahl so unübersichtlich, daß die Verwendung eines Computers — z. B. in Form eines Taschencomputers — durchaus sinnvoll ist.

Bevor Sinn und Inhalt der verschiedenen Berechnungsformeln erläutert werden, sei darauf hingewiesen, daß völlig unabhängig von einem Berechnungsmechanismus zunächst die Anforderungen zu berücksichtigen sind, die der Patient stellt, und zwar durch sein Alter und seine Tätigkeit, seine Aktivität und durch sein zweites, unter Umständen nicht betroffenes Auge. Die Kriterien für die Brechkraftauswahl sind dabei folgende: Patienten, die relativ jung sind, aktiven Beschäftigungen nachgehen und insbesondere solchen Patienten, die für die Ausübung ihres Berufes eine gute Fernsicht brauchen, wird mit postoperativer Emmetropie am besten gedient sein. Ältere Patienten dagegen, die einen Großteil ihrer Zeit mit Lesen, Nähen oder ähnlichen Tätigkeiten verbringen, werden mit einer Myopie von — 1 bis — 2 dpt am zufriedensten sein.

Übergeordnetes Kriterium ist in beiden Fällen das nicht betroffene Auge, falls dieses ein ausreichendes Sehvermögen besitzt, also Vermeiden eines Bildgrößenunterschiedes. So ist zunächst darauf zu achten, daß eine durch den Pseudophakos hervorgerufene Aniseikonie bestimmte Werte nicht überschreitet. Als Toleranzschwelle werden in der Literatur teilweise Werte von bis zu 8 % angegeben, andere Autoren wollen nur 4 — 5 % zulassen. In jedem Fall sollte nach der Berechnung der Linse auf Emmetropie oder eine bestimmte gewünschte Ametropie eine Aniseikonie-Berechnung erfolgen, und der Brechkraftwert der Kunstlinse sollte entsprechend korrigiert werden, wenn die Aniseikonie zu groß ist. Wenn das nicht betroffene Auge eine gut nutzbare Sehkraft besitzt, sollte weiterhin die Differenz zwischen den Refraktionen beider Augen mit Ausnahme von begründbaren Sonderfällen 2 dpt nicht überschreiten. Abschließend ist weiter zu bedenken, daß jede der unten näher beschriebenen Meßmethoden Fehlermöglichkeiten enthält, die postoperative Refraktionsabweichungen von +/- 1 dpt vom errechneten Wert ermöglichen.

4.1. Die Standardlinse

Die erste Methode zur Bestimmung der Brechkraft ist — wie bereits oben angeführt — die Wahl einer Standardlinse. Diese Methode geht davon aus, daß die mittlere Brechkraft der natürlichen Linse ca. 20 dpt beträgt (19,11 nach GULLSTRAND). Zur Erzeugung einer leichten Myopie werden daher bei diesem Verfahren grundsätzlich *Hinterkammerlinsen von 21* dpt bzw. Vorderkammerlinsen mit etwas niedrigerer Brechkraft verwendet, da diese von der Retina etwas weiter entfernt sind und somit eine um ca. 1 dpt niedrigere Brechkraft haben können. Die Nachteile eines solchen Verfahrens für den Patienten liegen auf der Hand. Die Variationsbreite der Brechkraft der natürlichen Linse ist in Wirklichkeit erheblich (von 15 — 24 dpt), und sie kann dies im natürlichen Auge sein, da für die Wirkung erst das optische Gesamtsystem, bestehend aus Hornhaut, Linse, Anordnung der Linse im Auge (Vorderkammertiefe) und Achsenlänge verantwortlich sind. Alle diese Faktoren sind variabel und können sich in ihren Wirkungen durchaus aufheben. Eine Standardlinse kann selbstverständlich den natürlich vorliegenden Variationen nicht gerecht werden und wird in der überwiegenden Zahl der Fälle eine postoperative Korrektur der Refraktion und eine Aniseikonie zur Folge haben. Positiv ist einzig zu vermerken, daß diese Methode der Brechkraft-»Bestimmung« mittlerweile kaum noch angewandt wird.

4.2. Die primäre Refraktion

Das zweite Verfahren ist die Brechkraftbestimmung anhand der sogenannten primären Refraktion. Dieses unterscheidet sich von der oben beschriebenen Standardlinsen-Implantation durch eine Modifikation dahingehend, daß zunächst die vor Beginn der kataraktösen Veränderung vorliegende (primäre) Refraktion festgestellt wird. Ist diese bekannt, wird der primäre Refraktionswert zu der Brechkraft der Standardlinse addiert, um den vorher vorhandenen Refraktionsfehler auszugleichen, d.h. das Auge zu emmetropisieren.

Wegen der unterschiedlichen Brechkraft der natürlichen Linse ist der primäre Refraktionswert vor der Addition noch mit einem Faktor zu multiplizieren. Als sinnvoller Mittelwert wird in der Literatur ein Faktor von 1,25 angegeben. Konnte beispielsweise die primäre Refraktion eines Patienten als eine Myopie von — 3 dpt identifiziert werden, muß nach dieser Methode eine Hinterkammerlinse von 20 dpt (Standard) — 3 dpt x 1,25 = 16,25 dpt oder eine Vorderkammerlinse von 19 dpt — 3 dpt x 1,25 = 15,25 dpt implantiert werden. Zielt man auf eine postoperative Ametropie, z.B. eine Restmyopie von — 1 dpt, ist entsprechend zu modifizieren: 20 dpt — 2 dpt x 1,25 = 17,5 dpt.

Es ist evident, daß diese Methode die gleichen prinzipiellen Nachteile hat wie die Implantation einer Standardlinse. Basis des Verfahrens ist die Annahme, daß die natürliche Linse eine Brechkraft von 20 dpt hat. Jede Abweichung von diesem Wert, die — wie oben gesagt — sehr häufig vorkommt, verursacht eine entsprechende Abweichung der Refraktion vom angestrebten Wert nach der Implantation. Hinzu kommt die Schwierigkeit, die primäre Refraktion aus der Anamnese festzustellen, da die Kataraktentwicklung sich oft über lange Zeiträume hingezogen haben kann und präzise Angaben sowohl aus der Zeit vorher als auch über Änderungen seit Beginn der kataraktösen Entwicklung fehlen.

Aus ärztlicher Sicht sind heute beide oben beschriebenen Methoden kaum zu verantworten, da sie angesichts des derzeitigen Angebots von Biometrie-Geräten das vermeidbare Risiko beinhalten, beim Patienten erhebliche postoperative Refraktionsfehler und Aniseikonien zu erzeugen.

4.3. Die Berechnung intraokularer Linsen

4.3.1. Messung für die formelmäßige Berechnung

Bei allen derzeit verwendeten Berechnungsformeln für die Brechkraft einer intraokularen Linse ist die Messung von zwei Größen notwendig, nämlich der Achsenlänge des Auges und der Hornhautbrechkraft bzw. des Hornhautkrümmungsradius.

Die Achsenlänge des Auges wird mit einem Ultraschall-Biometrie-Gerät gemessen, wobei unter Achsenlänge der Abstand von Hornhautscheitel bis zur Retina — genauer gesagt, bis zur membrana limitans interna — verstanden wird. Bei Verwendung der theoretisch-optischen Formeln (siehe unten) ist hierzu noch ein Zuschlag für die Distanz zwischen membrana limitans interna und der Zapfen-/Stäbchenschicht zu machen.

Die Ultraschallmessung erfolgt mit einer Biometrie-Sonde entweder unter Verwendung eines auf das Auge aufgesetzten, mit Flüssigkeit gefüllten Trichters (Immersionsmethode) oder unter direkter Aufsetzung der Sonde auf die anästhesierte Hornhaut (Applanationsmethode). Für die zweite Art der Messung werden zweckmäßigerweise eine Kinnstütze und ein Applanationstonometerhalter verwendet, in den die Biometrie-Sonde eingesetzt wird. Als Medium zwischen Sonde und Hornhaut wird üblicherweise Methylzellulose verwendet.

Der Anpreßdruck sollte bei den meisten Geräten ca. 10 mm Hg betragen. Die Einhaltung dieses Druckes ist wichtig, da eine höhere Pressung die Hornhaut imprimiert und zu kurze Achsenlängen gemessen werden. Ein niedrigerer Druck wird unter Umständen sogar trotz Abhebens eine Messung ermöglichen, die dann jedoch zu große Werte zeigt, da die Methylzellulose den Kontakt zur Hornhaut durch ihre hohe Viskosität erhält. Die durch die Applanationsmessung in jedem Fall bedingte Verformung der Hornhaut führt zur Messung zu kurzer Achsenlängen und damit zu Fehlern bei Berechnungen mit theoretisch-optischen Formeln. Insbesondere gilt dies bei kurzen Achsenlängen, da Verformungen sich hier stärker auswirken. Die SRK-Formel korrigiert diese Verformungen automatisch, da die ihr zugrunde liegenden Messungen mit diesem Verfahren gemacht wurden. Ein entsprechendes Ultraschallbild sieht z.B. folgendermaßen aus (Abb. 4.1):

Abb. 4.1

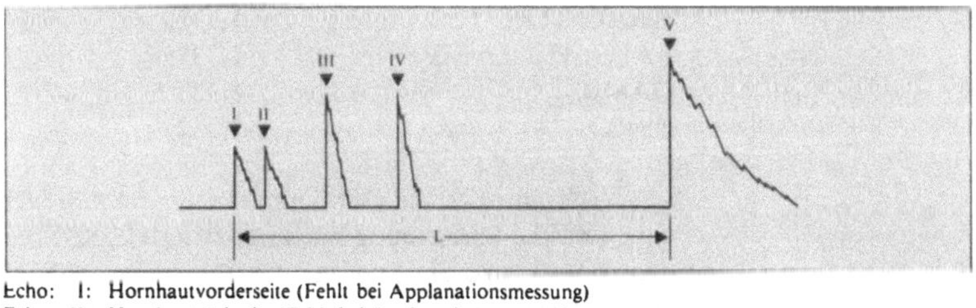

Echo: I: Hornhautvorderseite (Fehlt bei Applanationsmessung)
Echo: II: Hornhautrückseite (Fehlt bei Applanationsmessung)
Echo: III: Linsenvorderseite
Echo: IV: Linsenrückseite
Echo: V: Retina (membrana limitans interna)
L: Achsenlänge

4.3.2. Die Hornhautbrechkraft-Messung

Der Krümmungsradius der Hornhaut wird auf bekannte Weise mit dem Ophthalmometer gemessen. Aus diesem Wert ist dann — bei den meisten handelsüblichen Ophthalmometern automatisch vorgenommen — die Hornhautbrechkraft zu errechnen. Dieser an sich einfache Vorgang bietet jedoch Anlaß zu verschiedenen Unklarheiten. Der Brechungsindex der Hornhaut ist 1,3376 (nach GULLSTRAND). Die Krümmungsradien der Hornhautvorder- und -hinterfäche sind jedoch nicht gleich; der der Hinterfläche ist um ca. 0,9 mm (nach GULLSTRAND) kleiner als der der Vorderfläche. Aus diesem Grund wird in der Literatur üblicherweise für das System Hornhaut/Kammerwasser/Glaskörper ein fiktiver mittlerer Brechungsindex angenommen. So schlägt BINKHORST vor, zum zusätzlichen Ausgleich einer postoperativen Abflachung der Cornea einen Brechungsindex von 1,333 anzusetzen, der auch in der weiter unten behandelten BINKHORST-Berechnungsformel angenommen ist. Alle Ophthalmometer, die außer dem Krümmungsradius auch die Brechkraft der Hornhaut anzeigen, errechnen diese aus dem tatsächlich gemessenen Krümmungsradius nach der Beziehung (Formel 4.1):

$$K = \frac{N-L}{r}$$

Formel 4.1

K = Brechkraft der Hornhaut (dpt)
N = Brechungsindex der Hornhaut
L = Brechungsindex Luft (= 1)
r = Krümmungsradius der Hornhaut (mm)

Der in verschiedenen Geräten benutzte Brechungsindex der Cornea C ist jedoch aus den oben genannten Gründen unterschiedlich. So benutzen folgende Geräte die nebenstehenden Brechungsindizes:

AMERICAN OPTICAL:	1,3376
HAAG-STREIT:	1,3375
BAUSCH & LOMB:	1,3375
GAMBS:	1,332
ZEISS:	1,332

Wenn nun z.B. ein Ophthalmometer von AMERICAN OPTICAL benutzt wird und die Berechnung nach der BINKHORST-Formel vorgenommen werden soll, so wird das Ergebnis der Rechnung fehlerhaft sein, da unterschiedliche Brechungsindizes verwendet werden. Es ist daher zu empfehlen, die Hornhautbrechkraft selbst nach der oben angegebenen Formel zu errechnen, wobei für C der Wert eingesetzt wird, der auch in der verwendeten IOL-Berechnungsformel verwendet wird.

4.3.3. Berechnungsformeln

Die Berechnungsformeln für die Brechkraft von intraokularen Linsen können in zwei Gruppen unterschieden werden, nämlich die theoretisch-optischen Formeln und die empirischen Formeln.

Exakt im naturwissenschaftlichen Sinne sind alle diese Formeln nicht, da alle empirisch gefundene Konstanten und Näherungswerte enthalten, um den natürlichen Gegebenheiten möglichst nahe zu kommen.

Die hauptsächlich bekannten theoretisch-optischen Formeln sind die nach FJODOROV-GALIN-LINKSZ, COLENBRANDER, THIJSSEN, VAN DER HEIDE und BINKHORST.

Durch einfache algebraische Operationen lassen sich diese Formeln ineinander überführen, d.h. sie sind mathematisch identisch. Einzige Variationen bestehen in der Einführung von kleinen Korrekturfaktoren wie für die Linsendicke und den Hornhautbrechungsindex.

Ihre allgemeine Form lautet (Formel 4.2):

$$D = \frac{N}{L-C} - \frac{N \cdot K}{N - K \cdot C}$$

Formel 4.2

D = IOL-Brechkraft für Emmotropie
N = Brechungsindex Hornhaut/Kammerwasser/Glaskörper
L = Achsenlänge K = Hornhautbrechkraft (dpt)
C = angenommene postoperative Vorderkammertiefe

Anhand der BINKHORST-Formel für angestrebte postoperative Ametropie wird im folgenden der Berechnungsgang erläutert.

4.3.4. Die BINKHORST-Formel

Wie alle theoretisch-optischen Formeln verwendet auch die BINKHORST-Formel drei angenommene Schätzwerte, die auf Erfahrung basieren, nämlich:

1) Die postoperative Vorderkammertiefe C
2) Die Hornhaut/Kammerwasser/Glaskörper-Brechkraft N
3) Eine Korrektur für die Achsenlänge um den Abstand membrana limitans interna/Stäbchen-/Zapfenschicht d_{RET}

Der erste Schritt zur IOL-Berechnung ist die Messung der Achsenlänge mittels Ultraschall-Biometrie-Gerät wie oben beschrieben. Nach BINKHORSTs Vorschlag wird zur gemessenen Achsenlänge L_{GEM} ein Korrekturfaktor von d_{RET} = 0,25 mm addiert (Formel 4.3).

$$L = L_{GEM} + d_{RET}$$

Formel 4.3

Im zweiten Schritt wird nun die Hornhautkrümmung r mit dem Ophthalmometer gemessen und gegebenenfalls mit dem fiktiven Brechungsindex von 1,333 in die Brechkraft K (dpt) umgerechnet (Formel 4.4).

$$K = \frac{N - 1}{r}$$

Formel 4.4

K = Hornhautbrechkraft (dpt)
N = Brechungsindex = 1,333
r = Hornhautkrümmungsradius (mm)

Als dritter Schritt erfolgt die Schätzung der postoperativen Vorderkammertiefe C. Hersteller von intraokularen Linsen sollten für ihre Produkte entsprechende Durchschnittswerte angeben.
Beispiele sind etwa:
PRECISION COSMET TENNANT-Vorderkammerlinse: C = 2,8 mm
PRECISION COSMET J-LOOP-Hinterkammerlinse : C = 4 mm

Nunmehr wird im vierten Schritt der Arzt festlegen, welchen postoperativen Refraktionsfehler R (dpt) er für den Patienten für richtig hält.

Im fünften Schritt werden nun diese Werte in die BINKHORST-Formel eingesetzt, und zwar für Kontaktlinsen-Korrektur (Formel 4.5):

$$D = \frac{1336\ (4\,r - L - 0.003\ L\ r\ R)}{(L - C)\ (4\,r - C - 0.003\ C\ r\ R)}$$

Formel 4.5

D	=	Brechkraft der IOL	(dpt)
r	=	Hornhautkrümmungsradius	(mm)
L	=	korrigierte Achsenlänge	(mm)
R	=	postoperativer Refraktionsfehler	(dpt)
C	=	postoperative Vorderkammertiefe	(mm)

Für Brillenkorrektur (Formel 4.6):

$$D = \frac{1336\ (4\,r - L - (V\ (4\,r - L) + 0.003\ L\ r)\ R)}{(L - C)\ (4\,r - C - (V\ (4\,r - C) + 0.003\ (r)\ R)}$$

Formel 4.6

V = Abstand des Brillenglasscheitels zum Hornhautscheitel (mm).

Damit ist die Brechkraft der zur Erreichung der gewünschten postoperativen Ametropie günstigsten IOL bekannt.

4.3.5. Die SRK-Formel

Bei der SRK-Formel nach SANDERS, RETZLAFF und KRAFF handelt es sich im Gegensatz zu den theoretisch-optischen Formeln um eine empirische Formel, die durch das mathematische Verfahren der linearen Regression gewonnen wurde. Für dieses Verfahren werden in ein dreidimensionales Koordinatensystem, auf dessen 3 Achsen die gemessene Hornhautkrümmung, die gemessene Achsenlänge und die postoperativ festgestellte Brechkraft der intraokularen Linsenbrechkraft für Ametropie aufgetragen sind, die am Patienten gemessenen Daten als Punktmenge eingetragen. Durch ein dreidimensionales Korrelationsverfahren — lineare Regression — wird nun die Gleichung der Ebene bestimmt, der diese Punkte am nächsten liegen (Abb. 4.2):

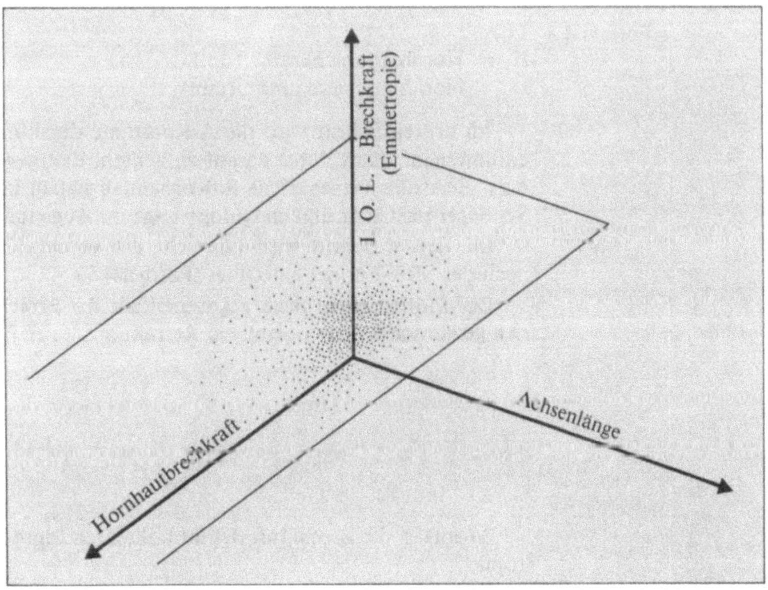

Abb. 4.2

Die Gleichung dieser Ebene ist für die ausgewerteten Daten von mehr als 2.500 Patienten die sogenannte SRK-Formel (Formel 4.7):

Formel 4.7

$$D_{EM} = A - 2{,}5\,L - 0{,}9\,K$$

D_{EM} = Brechkraft der emmetropisierenden IOL (dpt)
A = Linsen-Konstante
L = Achsenlänge (mm)
K = Hornhautbrechkraft (dpt)

Die bemerkenswerte Vereinfachung gegenüber den theoretisch-optischen Formeln resultiert aus der Möglichkeit, mehrere Konstanten — unter anderem auch die Vorderkammertiefe — sinnvoll zusammenzufassen.

Der Berechnungsgang ist ähnlich, wenn auch vereinfacht, wie bei den theoretischen Formeln. Im ersten Schritt wird die Achsenlänge wie oben beschrieben gemessen. Hierbei entfällt jedoch der Zuschlag für den Abstand der membrana limitans interna zur Stäbchen-/Zapfenschicht, da dieser in den Meßergebnissen, die zur linearen Regression benutzt wurden, bereits enthalten war. Die Achsenlänge L ist also die Distanz von Hornhautscheitel zur membrana limitans interna.

Im zweiten Schritt wird die Hornhautkrümmung r mit dem Ophthalmometer gemessen. Hieraus wird mit dem Brechungsindex von 1,3375 die Hornhautbrechkraft K (dpt) errechnet (Formel 4.8).

Formel 4.8

$$K = \frac{0{,}3375}{r}$$

K = Hornhautbrechkraft (dpt)
r = Hornhautkrümmung (mm)

Im dritten Schritt wird die A-Konstante der Linse den Herstellerangaben entnommen. Es ist dabei darauf zu achten, daß gleiche Linsen unterschiedlicher Hersteller verschiedene A-Konstanten haben können, da sich Material, Schlingenelastizität und endgültige Lage im Auge unterscheiden können.

Im vierten Schritt wird nunmehr die Brechkraft der Emmetropie-Linse nach der SRK-Formel berechnet (Formel 4.7).

Der fünfte Schritt dient gegebenenfalls der Errechnung einer Linse für einen gewünschten postoperativen Refraktionsfehler R (dpt) (Formel 4.9):

Formel 4.9

$$D = A - 2{,}5\,L - 0{,}9\,K - R\,(0{,}0875\,A - 8{,}55)$$

D (dpt) ist die Brechkraft der intraokularen Linse für die gewünschte Ametropie.

4.3.6. Die klinische Genauigkeit der Berechnungsformeln

Die zur Genauigkeit der oben beschriebenen Methoden existierende Literatur ist umfangreich. Die Standardabweichung der Restametropie läßt sich wie folgt zusammenfassen (Tab. 4.1):

	Standardabweichung der Restametropie
Standardlinse	+/— 2,3 dpt
primäre Refraktion	+/— 2,9 dpt
theoretisch-optische Formeln	+/— 1,0 dpt bis +/— 2,2 dpt*
SRK-Formeln	+/— 0,9 dpt bis +/— 1,6 dpt*

Tab. 4.1

*)Die Variationsbreite resultiert aus den unterschiedlichen in der Literatur angegebenen Werten.

Die Absolutwerte der Genauigkeit werden wie folgt angegeben (Tab. 4.2):

Formeln	Augen	Abweichung < 1,0 dpt	Abweichung > 2,0 dpt
BINKHORST	1.723	55 %	20 %
COLENBRANDER	1.518	67 %	8 %
SRK	986	81 %	4 %

Tab. 4.2

Insbesondere aus der zweiten dargestellten Tabelle ist die Überlegenheit der SRK-Formel gegenüber den theoretisch-optischen Formeln bezüglich Genauigkeit deutlich zu entnehmen.

4.4. Aniseikonie

Wenn die natürliche Linse durch eine künstliche ersetzt wird, die sich an einem anderen Ort im Auge befindet, verändert sich nicht nur die Gesamtrefraktion des Auges, sondern auch die Bildgröße auf der Netzhaut. Dies gilt insbesondere bei der Implantation von Vorderkammerlinsen. Je weiter eine Linse im Auge nach vorne rückt, desto größer wird das erzeugte Bild und um so größer wird der Bildgrößenunterschied zum nichtartephaken anderen Auge. Die Aniseikonie kann naturgemäß nur bis zu einem bestimmten Wert ohne Beschwerden verarbeitet werden. Wenn das nicht operierte Auge einen brauchbaren Visus hat, wird daher empfohlen, nach der Linsenberechnung noch eine Aniseikonie-Berechnung durchzuführen und, sofern ein Wert von 8 % überschritten wird, die Brechkraft der zu implantierenden Linse zu korrigieren.

Die einfachste Korrektur besteht darin, das operierte Auge zu myopisieren bzw. die Hyperopisierung zu verkleinern, da dann das benötigte Brillenglas zu einer Verkleinerung des Bildes auf der Netzhaut führt. Eine grobe Regel ist, daß jede Dioptrie des Brillenglases zu einer Bildverkleinerung und damit zu einer Verringerung der Aniseikonie um ca. 2 % führt. Diese Methode hat jedoch erhebliche Nachteile dann, wenn bereits eine erhebliche Myopie besteht, die noch vergrößert würde, oder wenn die Anisometropie zu groß wird. Die wohl sinnvollste Vorgehensweise ist, zunächst eine IOL auf die für den Patienten am meisten geeignete postoperative Refraktion hin zu berechnen. Bei nicht operiertem zweitem Auge mit ausreichendem Visus sollte dann eine Aniseikonie-Berechnung durchgeführt werden. Ist das Ergebnis kleiner als 8 %, sollte die Linse unverändert implantiert werden. Ist die Aniseikonie größer als 8 %, sollte eine Neuberechnung der intraokularen Linse erfolgen, wobei die gewünschte postoperative Refraktion um 1 dpt erniedrigt wird. Mit dieser Linsenbrechkraft sollte die Aniseikonie erneut berechnet werden. Sollte diese noch immer mehr als 8 % Aniseikonie zeigen, kann die postoperative Refraktion noch einmal um 1 dpt gesenkt werden. Ziel dieses Vorgehens ist es, eine möglichst geeignete Linse zu errechnen, wobei immer Vorteile auf der einen Seite nur durch Nachteile auf der anderen Seite erkauft werden können. In jedem Fall sollte lieber eine Aniseikonie in Kauf genommen werden, als die Ametropie und die Anisometropie zu groß werden zu lassen.

Für die Aniseikonie-Berechnung können folgende Formeln benutzt werden, in denen für das Normalauge der Index N, für das pseudophake Auge der Index P stehen. Zunächst wird die Vergrößerung des normalen Auges berechnet (Formel 4.10).

$$V_N = \frac{L_N - t_N}{(S - d_{GN} - S\ d_{GN}\ D_{GN})\ (N - D_{CN}\ t_N) - t_N\ (1 + S\ D_{GN})}$$

Formel 4.10

Danach die des zu operierenden Auges (Formel 4.11).

$$V_P = \frac{L_P - C}{(S - d_{GP} - S\ d_{GP}\ D_{GP})\ (N - D_{CP}) - C\,(1 + S D_{GP})}$$

Formel 4.11

Hierin bedeuten:

V	=	Vergrößerung
L	=	Achsenlänge (m)
t_N	=	Abstand der Hauptebene der natürlichen Linse vom Hornhautscheitel (m)
C	=	postoperative Vorderkammertiefe (m)
S	=	Objektabstand vom Brillenglas bzw. vom Hornhautscheitel (m)
d_G	=	Abstand Brillenglas/Hornhautscheitel (m)
D_G	=	Refraktion des Brillenglases (dpt)
D_C	=	Refraktion der Hornhaut (dpt)
N	=	Brechungsindex Kammerwasser/Glaskörper

Die prozentuale Aniseikonie ergibt sich dann aus (Formel 4.12):

Formel 4.12

$$A = \frac{V_P - V_N}{V_N}$$

Eine Beispielrechnung verdeutlicht den obigen Berechnungsgang:

Bei einem Patienten werden folgende Größen gemessen:

Nicht zu operierendes Auge:	Kataraktöses Auge:
Emmetrop: $D_{GN} = 0, d_{GN} = 0$	IOL auf Emmetropie berechnet:
$d_N = 0.005742$ m	$d_{GP} = 0$, $D_{GP} = 0$
$D_{CN} = 43.05$ dpt	VK-Tiefe durch Hinterkammer-
$t_N = 0.005742$ m	linse: $C = 0.0036$
$L_N = 0.0244$ m	$D_{CP} = 43.05$ dpt
	$L_P = 0.0244$ m

Die Rechnung ergibt für das nicht zu operierende Auge bezogen auf einen Sehabstand von 0.25 m eine Vergrößerung von:

$$V_N = 0.07$$

und für das pseudophake Auge eine Vergrößerung von:

$$V_P = 0.07131$$

und somit eine Aniseikonie von

$$\frac{V_P - V_N}{V_N} = 1.87\ \%.$$

Die entsprechende Rechnung für Fernsicht ergibt bei S = 100 m:

$$V_N = 1.7137 \times 10^{-4} \text{ und } V_P = 1.7612 \times 10^{-4}$$

und eine Aniseikonie von 2,77 %.

Eine Korrektur der emmetropisierenden Linse zu myopen Werten mit Brillenglaskorrektur ist also nicht notwendig. Es ist leicht zu erkennen, daß der Aufwand trotz mathematischer Einfachheit bei mehreren Rechnungen, die üblicherweise durchgeführt werden müssen, um eine Optimierung zu erzielen, erheblich ist. Der Einsatz eines Computers, der heute trotz hoher Leistung im Miniformat erhältlich ist, ist daher sicher sinnvoll.

Empfehlenswert ist z.B. der Kleinstrechner SHARP PC1245, mit dem die oben genannten Formeln alle in einem entsprechenden Programm einsetzbar sind.

Literatur

1) Axt, J.: »Power Calculations for the Style-30 (Sheets Design) and other Intraocular Lenses«, CLAO Journal, Vol. 9, Nr. 2, S. 102-106, April 1984

2) Binkhorst, R.D.: »Pitfalls in the Determination of Intraocular Lens Power without Ultrasound«, Ophthalmic Surgery, 7, 69-73, 1976

3) Binkhorst, R.D.: »The Optical Design of Intraocular Lens Implants«, Opththalmic Surgery, Vol. 6, (3), 17-31, 1975

4) Drews, R.C.: »A Practical Approach to Lens Implant Power«, Am. Intra-Ocular Implant Soc. J., Vol. 3, No. 3/4, July/Oct. 1977

5) Gernet, H., Zörkendörfer, S.: »Zur Brechkraft von menschlichen Augenlinsen und von Kunstlinsen«, Fortschr. Ophthalmol. (1982), 79: 184-186

6) Gernet, H.: »Calculation of IOL Powers«, 1983

7) Gruber, P.F.: »Fehlerpropagation bei der Berechnung intraokularer Linsen«, Klin. Mbl. Augenheilk., 180, S. 432-435 (1982)

8) Hauff, W.: »Die Bedeutung der präoperativen Berechnung intraokularer Linsen«, Klin. Mbl. Augenheilk., 181, S. 417-420 (1982)

9) Hoffer, K.J.: »Accuracy of Ultrasound Intraocular Lens Calculation«, Arch. Ophthalmol. Vol. 99, S. 1819-1823, Oct. 1981

10) Hoffer, K.J.: »Intraocular Lens Calculation: The Problem of the Short Eye«, Opththalmic Surgery, 12:269, 1981

11) Colenbrander, M.D.: »Calculation of the Power of an Iris-clip Lens for Distant Vision«, Brit. J. Ophthalmol. 57:735-740, 1973

12) Konen, W., et al.: »Ist die ultraschallgeschützte Berechnung intraokularer Linsen notwendig?«, Ber. Dtsch. Ophthalmol. Ges. 78, S. 463-467 (1981)

13) Miller, D., et al.: »Intraocular Lens Power Check«, AJO 91, S. 462-464 (1981)

14) Retzlaff, J.: »A New Intraocular Lens Calculation Formula«, Am. Intra-Ocular Implant Soc. J., Vol. 6, S. 23-27, April 1980

15) Retzlaff, J., Sanders, D., Kraff, M.: »A Manual of Implant Power Calculation«

16) Retzlaff, J.: »Posterior Chamber Implant Power Calculation Regressive Formula«, Am. Intra-Ocular Implant Soc. J., Vol. 6, S. 33-35 (1980)

17) Sanders, D., Kraff, M.C.: »Improvement of Intraocular Lens Power Calculation Using Emperical Data«, Am. Intra-Ocular Implant Soc. J. 6, S. 28-32, Juli 1980

18) Sanders, D., et al.: »Comparison of the Accuracy of the BINKHORST-COLENBRANDER-and SRK-Implant Power Prediction Formulas«, Am. Intra-Ocular Implant Soc. J., Vol. 7, 337, Okt. 1981

19) Thijssen, J.M.: »The Emmetropic and the Iseiconic Implant Lens: »Computer Calculation of the Refractive Power and its Accuracy«, Ophthalmologica 171:467-486, 1975

20) Van der Heide, G.L.: »A Nomogram for Calculating the Power of the Pre pupillary Lens in the Aphakic Eye«, Ultrasonography in Ophthalmology, 83:273, 1975

21) Wang, G.-J., Pomerantzeff, O.: »Iseikonia and Accommodation in the Fellow Eye in Monocular IOL Implantation«, Am. Intra-Ocular Implant Soc. J., Vol. 9, S. 441-444, Fall 1983

22) Binkhorst, R.D.: »The Optical Design of Intraocular Lens Implants«, Ophthalmic Surgery, Vol. 6, (3), 17-31, 1975

5. Operationstechniken zur Linsenimplantation

In den folgenden Kapiteln werden die zur Zeit häufigsten Operationsverfahren zur Entfernung des grauen Stars mit Implantation einer intraokularen Linse beschrieben, nämlich die intrakapsuläre (ICCE) und die extrakapsuläre (ECCE) Kataraktextraktion sowie die Phakoemulsifikation (KPE - KELMAN Phakoemulsifikation). Die Wahl einer dieser Methoden, die der Ophthalmo-Chirurg treffen muß, läßt sich mit Vor- und Nachteilen des gewählten Verfahrens begründen, eine Bewertung wird im folgenden vermieden. Für die erwähnten Verfahren existieren zahlreiche Varianten, die sowohl die Operationstechniken als auch die verwendeten Instrumente betreffen. Es kann auch nicht der Versuch unternommen werden, auf besondere Details der einzelnen Verfahren einzugehen, da jeder Chirurg nach seinen eigenen Erfahrungen bestimmte Modifikationen des Eingriffs entwickeln wird. Der Schwerpunkt soll eher auf eine bildlich klare und einprägsame Darstellung der einzelnen Operationsschritte gelegt werden, um es sowohl dem Neuanfänger als auch dem in anderen Methoden erfahrenen Chirurgen zu ermöglichen, sich die Prinzipien einer bestimmten Technik anzueignen.

Voraussetzung für alle unten beschriebenen Verfahren ist die Verwendung eines fußpedalgesteuerten Operationsmikroskopes mit koaxialer Beleuchtung, um beidhändige Techniken durchführen zu können. Alle Operationen lassen sich ohne Operations-Assistenten ausführen, jedoch kann auf die Hilfe einer instrumentierenden Schwester nicht verzichtet werden, insbesondere dann, wenn Phakoemulsifikationsgeräte verwendet werden und größere Zeitverluste vermieden werden müssen.

5.1. Vorbereitung zur Kataraktextraktion mit Implantation einer intraokularen Linse

Zur Vorbereitung eines Patienten für eine der hier besprochenen Kataraktextraktionen mit Linsenimplantation eignen sich sowohl die Intubationsnarkose als auch eine Vorbereitung mit lokaler Anästhesie. Einige Operateure sehen in der Wahl einer allgemeinen Narkose bei der Linsenimplantation gewisse Vorteile gegenüber der lokalen Anästhesie, die in einer ruhigen Arbeit des Operateurs, spannungsfreier Lage für den Patienten sowie besserer Kontrolle des intraokularen Drucks bestehen. Andererseits läßt sich nicht verkennen, daß der Einsatz eines Anästhesisten einen erheblichen personellen, zeitlichen und materiellen Aufwand erfordert, so daß letztendlich in den meisten Kliniken der Lokalanästhesie der Vorzug gegeben wird. Deshalb wird im folgenden ausschließlich auf die retrobulbäre Injektion eingegangen.

Die lokale Anästhesie eignet sich für alle drei hier erwähnten Operationsverfahren, ohne daß sich Besonderheiten für die unterschiedlichen Methoden ergeben würden. Es empfiehlt sich, am Vortag der Operation, nicht zuletzt auch aus forensischen Gründen, einen Bindehautabstrich von dem zu operierenden Auge anfertigen zu lassen. Im Anschluß daran werden antibiotische Augensalben bzw. -tropfen appliziert. Sind die Operationen sehr früh am Morgen angesetzt, empfiehlt es sich, mit der Mydriasis bereits am Abend zuvor zu beginnen; für die Patienten, die im Laufe des Vormittags operiert werden, reicht es, wenn ab 6.00 Uhr in der Frühe pupillenerweiternde Tropfen verabreicht werden. Eine halbe bis eine Stunde vor der Operation sollte mit der Sedierung des Patienten begonnen werden, Tranquilizer vom Typ des Diazepam mit 5 - 10 mg reichen in der Regel bis weit über die Beendigung des Eingriffs hinaus. Der Vorteil der erwähnten Sedierung ist darin zu sehen, daß der Patient, sofern er nicht angesprochen wird, vollkommen entspannt liegt, ohne die Dauer des Eingriffs zu registrieren. Zur Verminderung des intraokularen Druckes eignen sich Carboanhydrase-Hemmer, wenn sie bis zu 60 Minuten vor der Operation oral oder parenteral gegeben werden. Nach allgemeiner Erfahrung hat es sich bewährt, vor Ankunft des Patienten im Operationstrakt das nicht zu operierende Auge mit einer Kompresse abzudecken, wobei auf dem Haltepflaster der Name des Patienten vermerkt ist. Sowohl der vorbereitende Injektor als auch der Operateur sollten sich noch einmal mit dem Patienten unterhalten; Verwechslungen sind damit ausgeschlossen.

Die Lokalanästhesie unterteilt sich in eine Facialisblockade (Abb. 5.1) und eine retrobulbäre Injektion (Abb. 5.2). Die Ausschaltung des N. Facialis (NVII) erfolgt durch Injektion von 1,5 ml 1- oder 2%igen depolarisierenden Leitungsanästhetika über dem Unterkiefergelenk in ca. 1 cm Tiefe. Die Ausschaltung der Orbicularismuskulatur erfolgt in kurzer Zeit und verhindert den Lidschluß und die dadurch hervorgerufene Augeninnendruck-Steigerung.

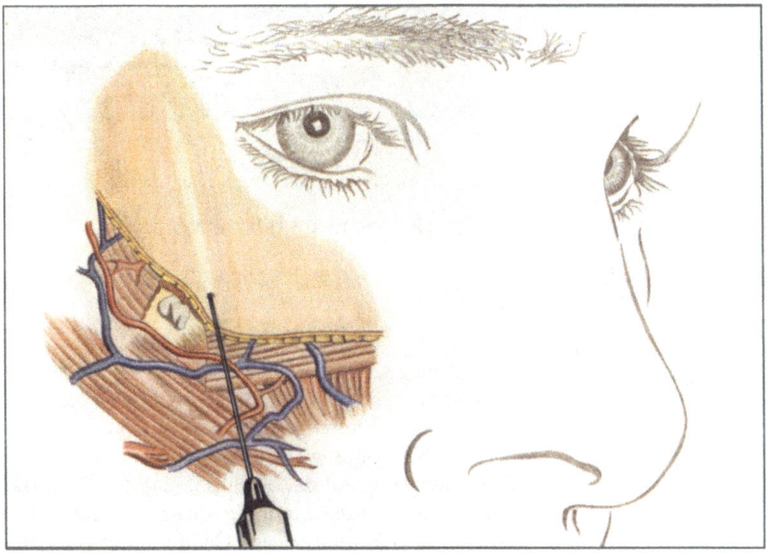

Abb. 5.1: Injektionsstelle zum Herbeiführen der Akinesie des M.orbicularis

Zur retrobulbären Injektion eignen sich ebenfalls Leitungsanästhetika vom Procain-Typ in 1 - 2%iger Konzentration unter Zusatz von Hyaluronidase zur Verbreitung des Anästhetikums im Retrobulbärraum. 2,5 ml des Anästhetikums reichen zur Immobilisation des Auges, wenn die Injektion in der Nähe des Ganglion ciliare erfolgt. Größere Mengen der Injektionslösung können zu einer Ballonierung des Retrobulbärraumes führen und einen Einfluß auf den intraokularen Druck während der Operation ausüben. Zur Erreichung einer verzögerten Abschwemmung des Leitungsanästhetikums können Injektionslösungen mit Zusatz von Gefäßkonstriktoren wie Suprarenin verwendet werden; dieser Zusatz entfällt z.B. bei allen Patienten mit obstruktiven Gefäßerkrankungen, besonders bei koronaren Herzerkrankungen in der Anamnese. Um das unmittelbar hinter dem Bulbus gelegene Ganglion ciliare leicht erreichen zu können, empfiehlt es sich, den Patienten nach nasal oben blicken zu lassen, wenn die Injektion durch das Unterlid von temporal unten erfolgt. Die retrobulbäre Injektion wird aus Sicherheitsgründen mit einer Kanüle vorgenommen, deren Anschliff verkürzt wurde, um die Gefahr einer Opticus-Läsion zu vermeiden.

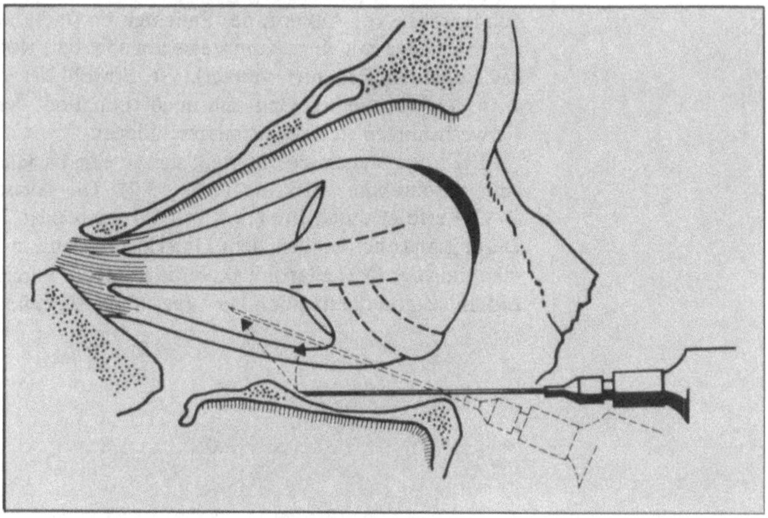

Abb. 5.2: Retrobulbäre Injektion

Nach abgeschlossener retrobulbärer Injektion erfolgt die Oculokompression, die sowohl manuell als auch mit einem Oculokompressor über dem vorher geschlossenen Lid durchgeführt werden kann. Der Vorzug der zum Teil sehr einfachen, aber robusten Oculokompressoren besteht in einer gleichbleibenden Krafteinwirkung auf den Bulbus. Nach der Erfahrung hat sich dabei ein Kompressionsdruck von 40 mm Hg über mindestens 10 Minuten als ausreichend erwiesen. Nach Entfernen des Oculokompressors empfiehlt es sich, zur Reinigung der Bindehaut eine Spülung mit einer Brausekanüle und Oxicyanatlösung vorzunehmen. Eine Desinfektion der Lider erfolgt mit einem Hautdesinfiziens.

Zur Vermeidung einer Invasion von Hospitalismuskeimen in die Operationsräume werden alle Patienten mit Einmalwäsche ausgestattet, einschließlich einer das gesamte Haupthaar umgreifenden Kopfabdeckung. Zur Verhinderung von Beinvenenthrombosen werden bandagierende Halbstrümpfe angelegt: die Abdeckung des Patienten auf dem Operationstisch erfolgt mit einem sterilisierten Laken, das den Patienten bis zum Hals komplett bedeckt. Der Kopf wird zusätzlich mit Tüchern abgedeckt, die Periorbital-Region mit Adhäsivfolien überklebt in der Weise, daß durch Schlitzung der Folie die für den Eingriff notwendige Größe gewählt werden kann. Dieses Verfahren hat den Vorteil, daß die früher übliche Entfernung der Wimpern entfallen kann, da die Folie die Lidränder umschließt und diese durch das Einsetzen eines Lidsperrers fixiert werden (Abb. 5.3).

Abb. 5.3 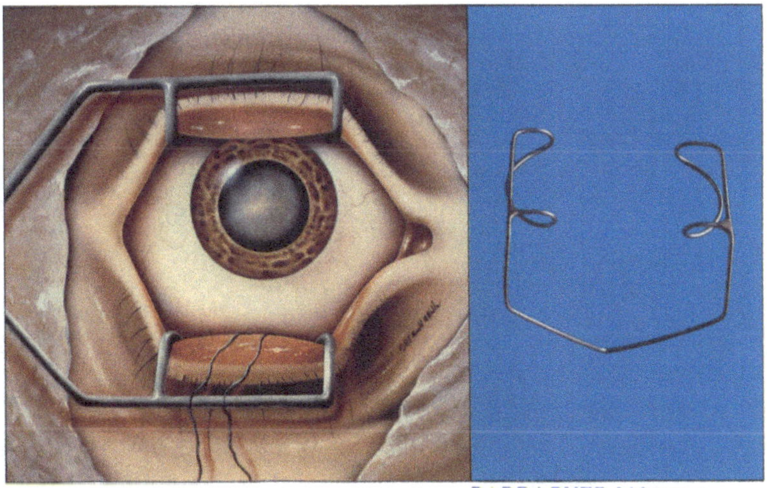

BARRAQUER Lidsperrer

Die Anlage einer Zügelnaht (Rectus-superior-Faden) erfolgt, wie in den beiden unten stehenden Abbildungen gezeigt ist (Abb. 5.4 und 5.5):

Abb. 5.4 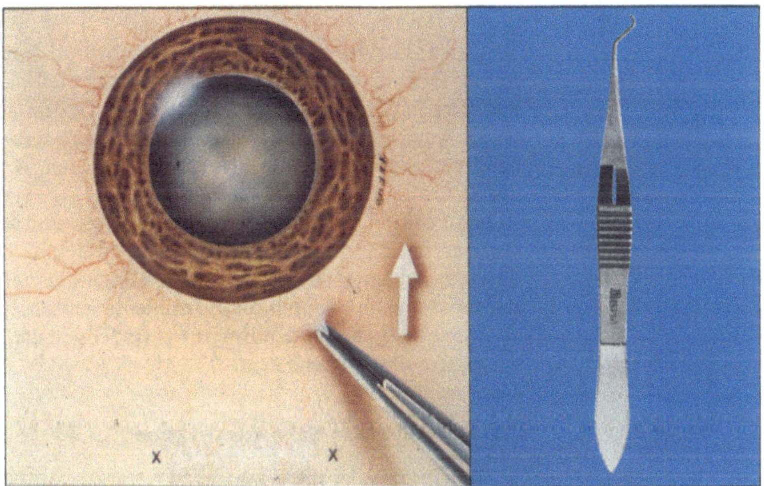

RIZZUTI-Pinzette

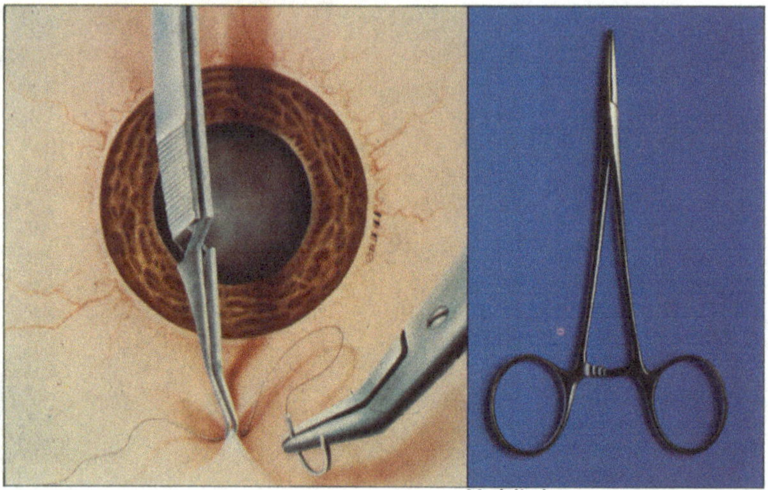

Abb. 5.5

Nadelhalter,
Arterienklemme,
Gebogene Nadel, Faden 5-0 Seide

Der Ansatz des musculus rectus superior wird durch Infraduktion des Bulbus mit Hilfe einer Faßpinzette am Limbus dargestellt. Der Muskel selbst läßt sich mit einer Pinzette ergreifen und wird mit einer gebogenen Nadel mit einem 5-0-Seidenfaden unter dem Muskel umfaßt. Nach Entfernen der Nadel vom Seidenfaden werden beide Fadenenden mit einer Arterienklemme gefaßt, die durch ihre herabhängende Lage infolge ihres Eigengewichtes den Bulbus in eine stabile Position zwingt. Sofern eine Phakoemulsifikation erfolgt, ist die oben angegebene Zügelnaht entbehrlich, da während der Linsenzertrümmerung durch das bimanuelle Arbeiten in der Hinterkammer eine ausreichende Stabilisierung des Bulbus durch die Instrumente gewährleistet ist.

In idealer Lage für den Eingriff befindet sich der Bulbus, wenn die Iris in einer horizontalen Ebene liegt.

5.2. Intrakapsuläre Kataraktextraktion (ICCE)

Das Prinzip der intrakapsulären Kataraktextraktion beruht auf der Entfernung der Linse in der Linsenkapsel, was üblicherweise nach Anfrieren an die Sonde eines Kryogerätes und Extraktion der Linse nach mechanischer Ruptur der Zonulafasern geschieht. Sofern die Implantation einer intraokularen Linse geplant ist, bietet sich für dieses Verfahren die im Kammerwinkel gestützte Vorderkammerlinse an. Eine Hinterkammerlinsen-Implantation mit kapsel- bzw. sulcusfixierter Haptik ist nach ICCE nicht möglich, da die für die Abstützung einer Hinterkammerlinse wichtige hintere Linsenkapsel fehlt. Die große Anzahl von bisher implantierten Vorderkammerlinsen läßt sich unter anderem dadurch erklären, daß sich die Vorderkammerlinse im Anschluß an die intrakapsuläre Linsenextraktion als primäre Implantation einsetzen läßt; andererseits ist es auch möglich, Vorderkammerlinsen zu implantieren, wenn die Kataraktextraktion Jahre zurückliegt, da die Kataraktextraktionen früherer Jahre fast ausnahmslos intrakapsulär vorgenommen wurden (sekundäre Implantation). Ein weiterer Grund für die Verbreitung der Vorderkammerlinsen mag darin liegen, daß viele Ophthalmo-Chirurgen von der bisher gewohnten Operationstechnik der intrakapsulären Kataraktextraktion nicht abweichen wollten, aber dennoch die Vorteile der intraokularen Linsenimplantation mit einer Vorderkammerlinse verbinden konnten. Andererseits ist die Verwendung einer Vorderkammerlinse auch dann möglich, wenn die Katarakte extrakapsulär oder nach Phakoemulsifikation entfernt wurde. In diesem Fall läßt sich als Vorteil der Vorderkammerlinse die einfache Kapsulotomie mit dem Hochleistungs-YAG-Laser anführen, da ein natürlicher »Laserspace« zwischen Vorderkammerlinse und hinterer Kapsel besteht.

Voraussetzung für die Implantation einer Vorderkammerlinse ist in jedem Fall die präoperative gonioskopische Untersuchung des zu operierenden Auges. Kammerwinkelveränderungen wie Goniosynechien, Iridodialyse und Neovaskularisationen im Kammerwinkel können entsprechend ihrer Ausprägung eine geplante Position der Vorderkammerlinse verhindern bzw. sogar eine Kontraindikation darstellen. Bei der präoperativen Untersuchung sollte in jedem Falle eine Messung des sogenannten Weiß-zu-Weiß-Durchmessers mit einem Meßzirkel erfolgen (Abb. 5.6). Dieser Parameter gibt Auskunft über den Durchmesser einer später zu implantierenden Vorderkammerlinse. Dabei wird zur gemessenen Distanz 1 mm addiert, um eine spannungsfreie Adaptation der Vorderkammerlinse im Kammerwinkel zu garantieren.

Abb. 5.6

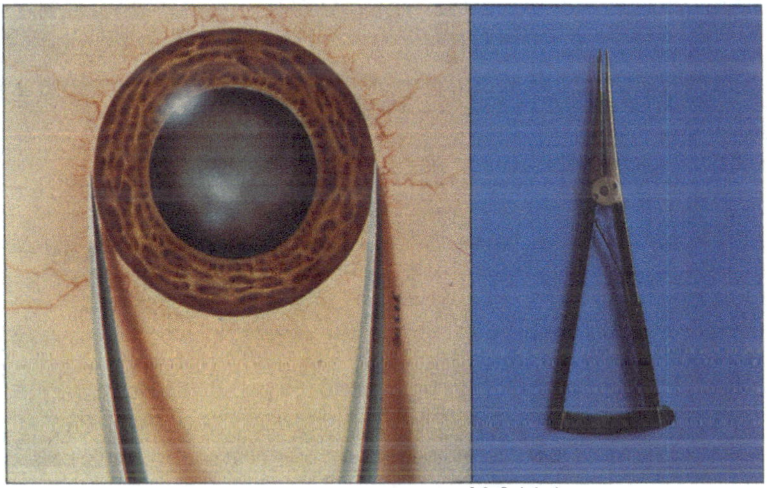

Meßzirkel

Nach Anlegen der bereits beschriebenen Zügelnaht (Rectus-superior-Faden) wird die intrakapsuläre Linsenextraktion in Einzelschritten beschrieben:

Erfolgt die Präparation des Starschnitts mit Bindehautdeckung, wird die Bindehaut in den beiden oberen Quadranten am Limbus mit einer Bindehautschere eröffnet; daran schließt sich die freie Präparation der Limbusregion einschließlich Kauterisation blutender Gefäße an (Abb. 5.7, 5.8 und 5.9).

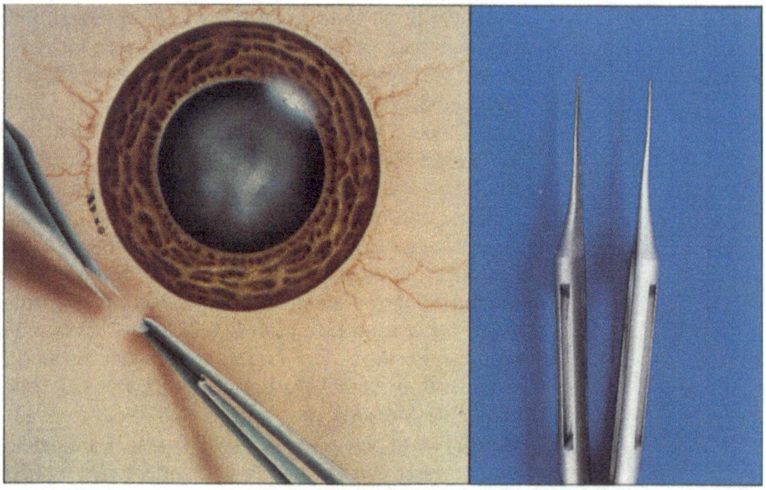

Abb. 5.7

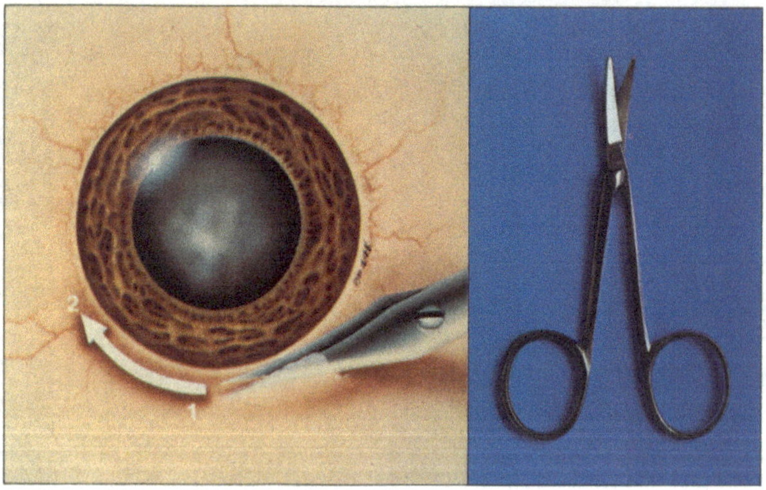

Abb. 5.8

Instrumente:
1. Pinzette
2. Sehnenschere SEVERIN/STEVENS oder BREGEAT Conjunctiva Schere

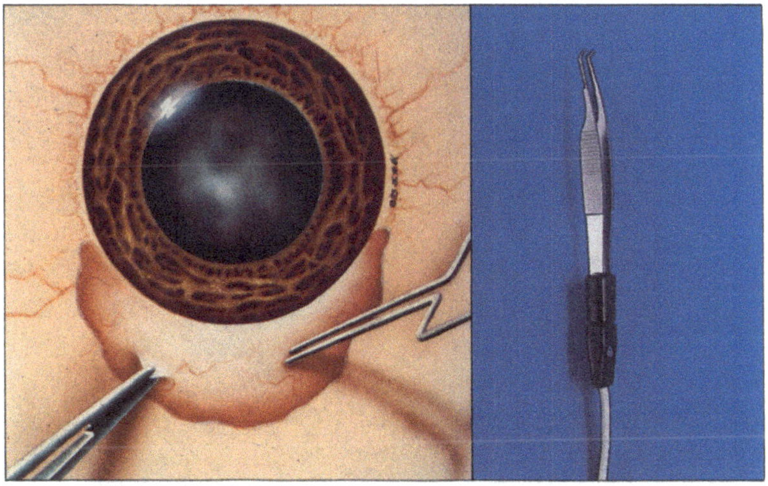

Abb. 5.9

Bipolare Kauterpinzette

Ca. 1 mm hinter dem Limbus erfolgt das Vorlinieren eines skleralen Schnittes mit der Rasierklinge über 165° bis 170° senkrecht zur Oberfläche in einer Tiefe von 2/3 der Limbusregion (Abb. 5.10 und 5.11).

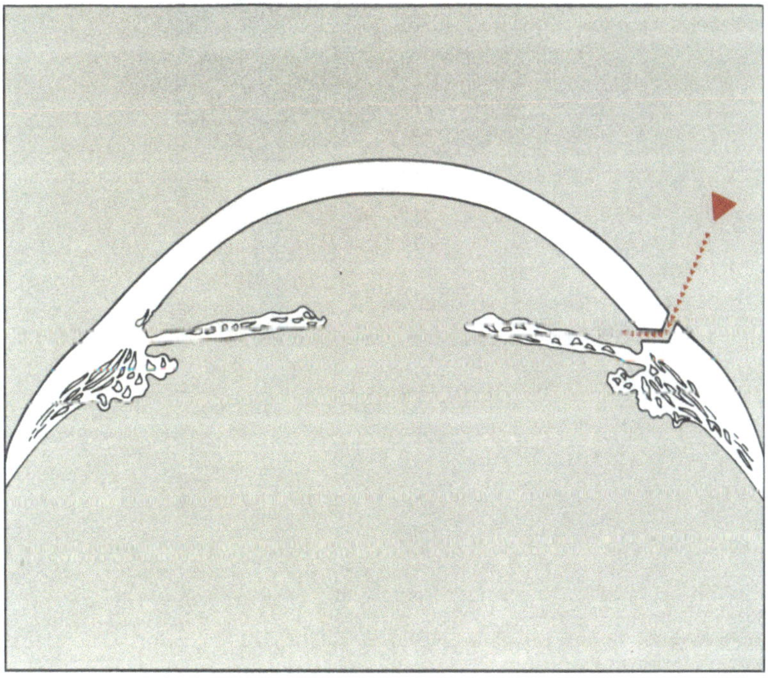

Abb. 5.10

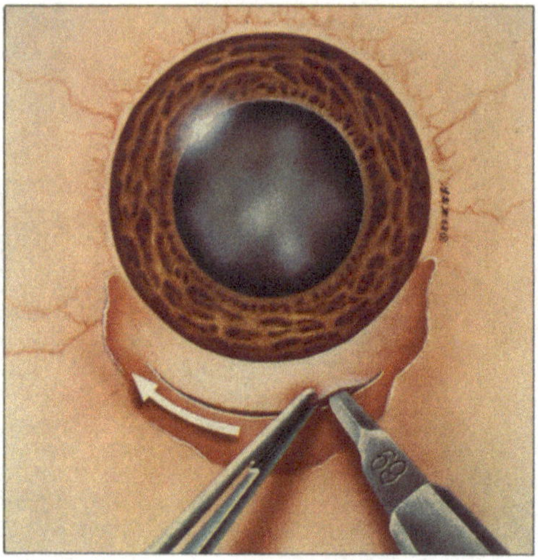

Abb. 5.11

Eine punktuelle Eröffnung der Vorderkammer wird mit Rasierklinge oder Messer vorgenommen (Abb. 5.12).

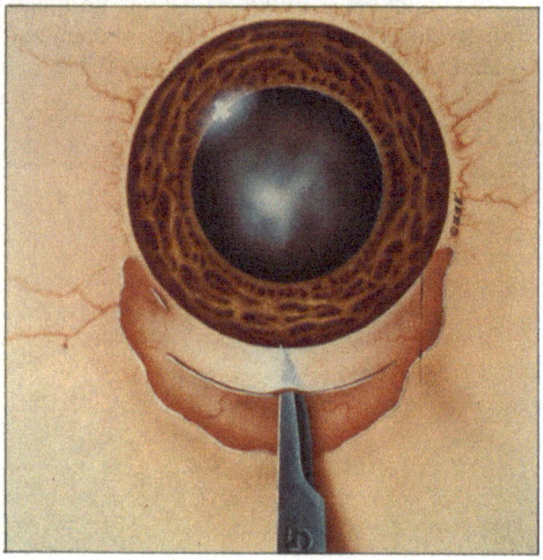

Abb. 5.12

Die Eröffnung der Vorderkammer erfolgt nahezu horizontal mit den Branchen der Schere. Das folgende Bild zeigt die Scherenführung, die dargestellte bereits durchgeführte Kapsulotomie entfällt bei der intrakapsulären Extraktion (Abb. 5.13).

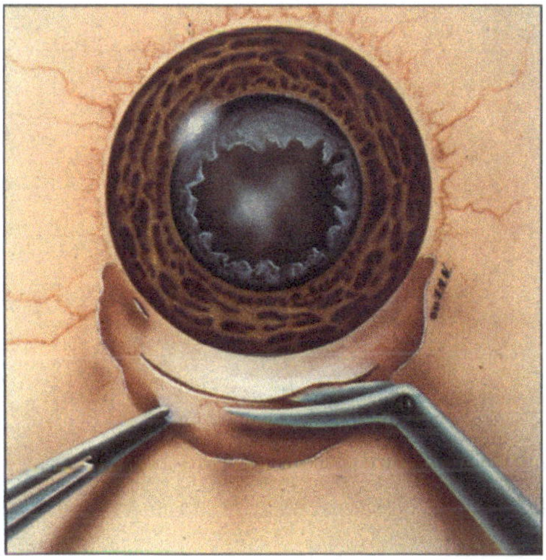

Abb. 5.13

Die Erweiterung des Schnittes erfolgt jeweils nach temporal bzw. nasal bis 9.30 Uhr bzw. 2.30 Uhr, dabei ist die innere Schnittkante gerade noch skleral, liegt aber bereits am cornealen Rand. Durch diese Schnittführung kann die Gefahr einer Durchtrennung skleraler Blutgefäße vermindert werden, andererseits ergibt die sklerale Starschnittlage die Möglichkeit eines geringen postoperativen Astigmatismus. Die Ausführung des Starschnitts im Limbusbereich stellt einen Kompromiß der Vorteile vom skleralen bzw. cornealen Vorgehen dar. Die Präparation des erwähnten Zweistufen-Schnittes ermöglicht dem Chirurgen bei der späteren Wundadaptation eine stufengerechte Adaptation des Starschnitts, ohne daß eine Verschiebung der Wundflächen erfolgen kann. Erfolgt die Präparation des Starschnitts mit einer CLAYMAN TROUTMAN-Schere, ergibt sich eine uniplanare Inzision, wenn die Scheren senkrecht zur Sklera stehen; wird eine RIZUTTI-Schere benutzt, ergibt sich eine biplanare Schnittführung.

Zur intrakapsulären Kataraktextraktion und Implantation einer Vorderkammerlinse eignet sich ebenso ein cornealer Starschnitt. Dieses Verfahren kann sowohl ab interno als GRAEFE-Messer-Schnitt, jedoch auch ab externo als Zweistufen-Schnitt ausgeführt werden. Sofern ein GRAEFE-Messer verwendet wird, ist darauf zu achten, daß die Eröffnung an der Hornhautinnenseite wirklich den beschriebenen Bereich von 9.30 Uhr bis 2.30 Uhr erreicht. Die Schnittführung des GRAEFE-Messer-Schnittes liegt bei Beginn Iris-parallel und richtet sich bei der Fortführung senkrecht auf. Der Starschnitt ab externo läßt sich in gleicher Weise wie der sklerale Starschnitt als Zweistufen-Schnitt bzw. uni- oder biplanar mit Scheren ausführen.

Nach Vollendung des Starschnitts empfiehlt sich eine Sicherheitsnaht, indem ein üblicherweise zur Adaptation der Wundlefzen verwendetes Material bei 12.00 Uhr vorgelegt wird bzw. 2 Sicherheitsnähte bei 11.00 Uhr und 1.00 Uhr. Die Fadenenden bzw. die zwischen den Wundrändern befindliche Schlaufe wird so gelegt, daß die intrakapsuläre Kataraktextraktion nicht behindert wird (Abb. 5.14).

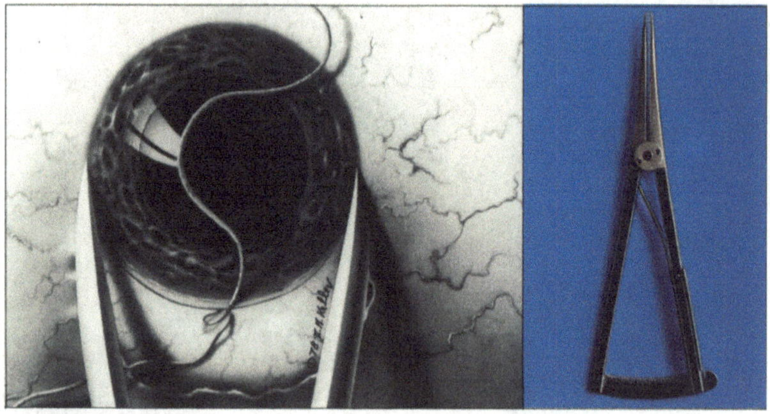

Abb. 5.14

Instrumente:
1. Meßzirkel
2. Naht in 10-0 Vicryl

Das Anlegen einer basalen Iridektomie erfolgt durch Fassen eines peripheren Irisanteils mit einer Irispinzette, die sich durch die locker adaptierten Wundränder führen läßt. Die herausgezogenen basalen Irisanteile lassen sich z.B. mit einer WECKER-Schere resizieren, so daß eine kleine basale, dreiecksförmige Iridektomie entsteht (Abb. 5.15).

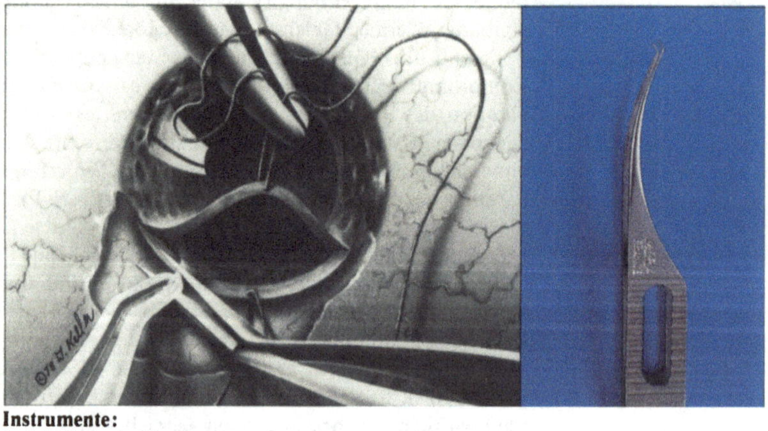

Abb. 5.15

Instrumente:
1. Iridektomie-Pinzette
2. Irisschere n. PASCHEFF

Die für die intrakapsuläre Kataraktextraktion bisher angegebenen Indikationen für die Verwendung von Alpha-Chymotrypsin, insbesondere bei Myopie, intumeszenter Katarakt und präseniler Linsentrübung, lassen sich in gleicher Weise verwenden. Zur Extraktion getrübter Linsen eignet sich ein Kryostilett mit einer Tiptemperatur von ca. -80°. Zur Extraktion wird mit der Pinzette in der linken Hand die Hornhaut bei 12.00 Uhr angehoben und das Kammerwasser mit einem Celluloseschwämmchen aufgesogen, um einen lokalisierten Gefriereffekt der Sonde auf der Linse zu ermöglichen (Abb. 5.16).

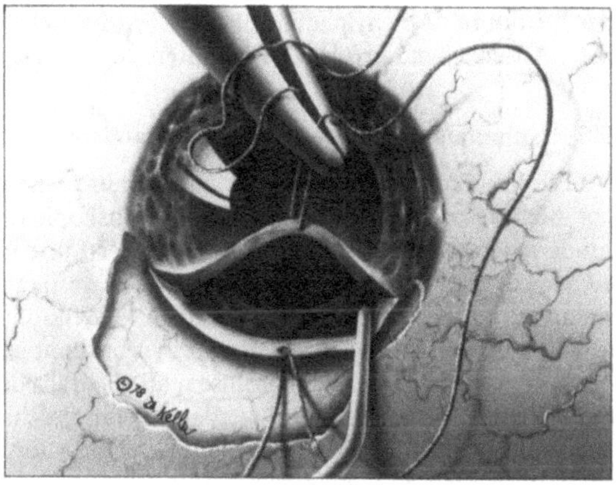

Abb. 5.16

Sofern eine nicht erweiterungsfähige Pupille vorliegt, muß die Iris bei 12.00 Uhr mit einem Irisretraktor bzw. Celluloseschwämmchen peripher abgehalten werden. Mit der in der rechten Hand befindlichen Kryosonde wird auf der Linse zwischen Zentrum und 12.00 Uhr-Bereich ein Kryoeffekt erzeugt, der Kapsel und Rinde fest anfrieren muß (Abb. 5.17).

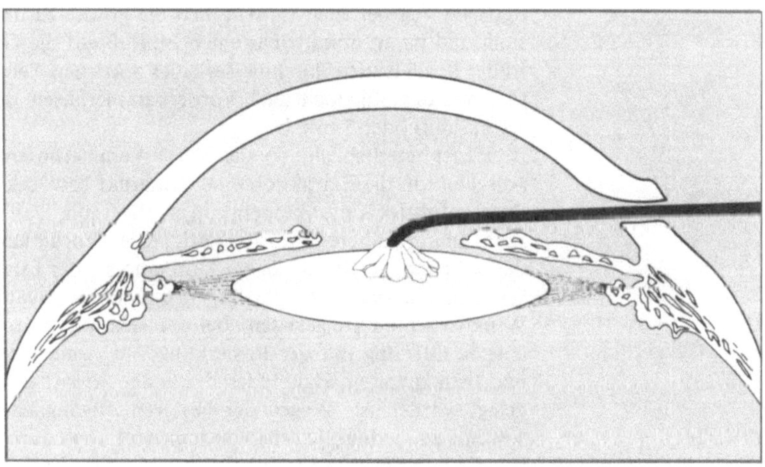

Abb. 5.17

Durch bogenförmige Bewegungen der an dem Kryostilett fest haftenden Linse werden die Zonulafasern gelöst. Erst danach erfolgt die Luxation der Linse durch die Vorderkammer und den Starschnitt nach außen.

Sobald die Katarakt mit ihrem Äquator den Starschnitt passiert hat, wird die mit der Pinzette gehaltene Hornhaut in ihre alte Position reponiert, ohne daß das Endothel die Linse berührt. Die Verwendung einer Kolibri-Pinzette zum Fassen der Hornhaut gibt eine gewisse Sicherheit bei eintretenden Notfällen, z.B. anstehendem Glaskörper.

Üblicherweise liegt die Vorderkammer nach intrakapsulärer Kataraktextraktion mit einer Luftblase mitteltief, die Pupille ist noch dilatiert. Der Ersatz der Luft durch Acethylcholin führt zur Miosis und Vertiefung der Vorderkammer. Anschließend erfolgt das Knüpfen der vorgelegten Sicherheitsfäden.

5.3. Implantation einer starren Vorderkammerlinse

Die Implantation einer Vorderkammerlinse primär oder sekundär erfordert vor Ausführung dieses Eingriffs eine Gonioskopie des Kammerwinkels, insbesondere der Areale, die den Fußpunkten der Linse in Zukunft als Abstützung dienen sollen. Die Vorderkammerlinse kann vertikal, horizontal, aber auch in einem schrägen Durchmesser implantiert werden, ohne daß Vor- oder Nachteile der verschiedenen Positionierung bisher bekannt geworden sind. Vor der Implantation einer Vorderkammerlinse muß ebenfalls der Durchmesser der zu implantierenden Linse festgelegt werden. Dieses geschieht durch Ausmessen des horizontalen Weiß-zu-Weiß-Durchmessers mit Addition von 1 mm als Maß für einen passenden Sitz der Vorderkammerlinse (wie im vorhergehenden Kapitel dargestellt). Der ideale Sitz einer Vorderkammerlinse läßt sich dadurch charakterisieren, daß die Linse unverschiebbar ist, ohne einen zu starken Druck auf die Kammerwinkelstrukturen auszuüben. Zu kurze Linsen können in der Vorderkammer rotieren, zu große Vorderkammerlinsen können aufgrund zu starker Abstützung im Kammerwinkel zu Druckveränderungen in diesen Arealen führen. Vor der Implantation einer Vorderkammerlinse sollte bekannt sein, welcher Linsentyp implantiert wird, insbesondere welchen Durchmesser die Optik der vorgesehenen Vorderkammerlinse aufweist. Dieses ist wichtig, da der optische Teil bei allen Linsentypen die größte zu überwindende Distanz darstellt und damit unmittelbar einen Einfluß auf die Größe der Inzision ausübt. In der Regel ist der Durchmesser eines optischen Teils einer Vorderkammerlinse 6 mm, es gibt jedoch auch Vorderkammerlinsen, deren optischer Durchmesser 5,5 mm oder 7 mm beträgt.

Es ist unerheblich, ob die Vorderkammerlinsen-Implantation primär im Anschluß an die Extraktion einer Katarakt bzw. sekundär nach bereits zuvor durchgeführter Kataraktoperation erfolgen soll. Damit die Vorderkammerlinse leicht zu implantieren ist, ist es nötig, einen Vorderkammerzugang zu schaffen, der ca. 1 mm größer ist als der Durchmesser der Linsen-Optik. Bei der primären Implantation wird ein ca. 7 mm großer Anteil des Starschnitts beim Wundverschluß freigelassen, bei der sekundären Implantation eine entsprechende Öffnung mit der Rasierklinge im goniokleralen Bereich geschaffen, nachdem zuvor ein Haltefaden durch den Ansatz des musculus rectus superior gelegt worden ist. Wegen der besseren Zugänglichkeit wird empfohlen, die Vorderkammerlinse jeweils von temporal oben durchzuführen. Letztlich aber hat die Lokalisation der Inzision auch einen Einfluß auf die endgültige Lage der Vorderkammerlinse, so daß die Implantation auch von temporal oder oben erfolgen kann und damit eine horizontale bzw. vertikale Positionierung der Vorderkammerlinse erfolgt.

Wichtige Ausgangssituationen für eine erfolgreiche Implantation einer Vorderkammerlinse sind die stehende Vorderkammer, die flache Iris und die enge Pupille. Die mitteltiefe Vorderkammer soll einen Kontakt des Implantats mit dem cornealen Endothel vermeiden, die flache Iris eine Einklemmung von Irisgewebe zwischen Vorderkammerlinsen-Fußpünktchen und Kammerwinkel ausschließen und die enge Pupille einen gewissen Schutz vor dem Kontakt des Implantats mit der Glaskörpergrenzschicht darstellen. Sofern die Vorderkammer bei der Implantation abfließt, kann eine Stabilisierung des vorderen Augensegments durch Gabe von Luft bzw. viskoelastischem Material (wie Healon oder Amvisc) gewährleistet werden.

Bei der Verwendung einer TENNANT- bzw. CHOYCE-Linse wird empfohlen, statt einer Iridektomie bei 12.00 Uhr zwei Iridektomien anzulegen, die rechts und links symmetrisch und im Anschluß an die Stützpunkte der Vorderkammerlinse liegen sollen. Da die Breite dieser Vorderkammerlinse 6 mm beträgt, liegen die beiden geschaffenen Iridektomien ca. 8 mm auseinander und können niemals beide durch die Vorderkammerlinse verschlossen werden. Die Lage der Vorderkammerlinse zu den beiden Iridektomien gibt darüber hinaus die Möglichkeit einer topologischen Kontrolle des Implantats. Die Ausführung einer Iridektomie erfolgt durch Fassen des basalen Irisgewebes mit einer Irispinzette und durch Trennen des luxierten Gewebes mit einer Mikroschere (wie im vorhergehenden Kapitel dargestellt).

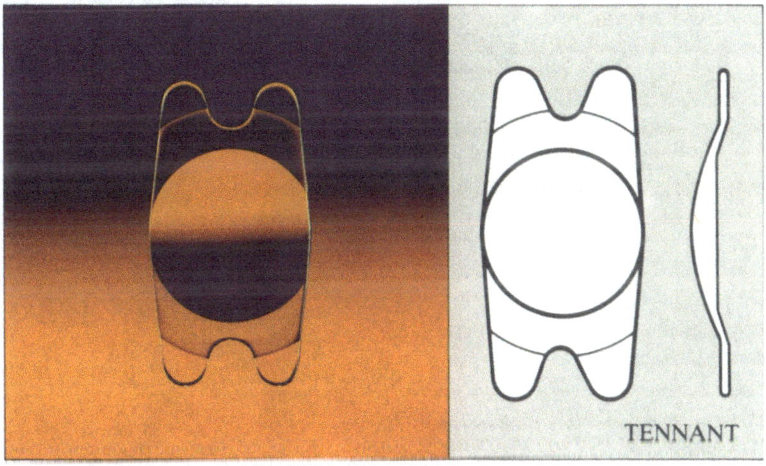

Abb. 5.18

Die TENNANT-Linse (Abb. 5.18) ist eine vierfüßige Vorderkammerlinse, die als Besonderheit flache Füße aufweist, die hinter den skleralen Sporn fassen und somit einen festen Sitz der Linse garantieren und eine Endothel-Berührung ausschließen. Die eigentliche Optik der Linse ist um einen 1,6 mm breiten Steg von den Linsenfüßen entfernt und liegt in einer Ebene vor der Ebene der Stützfüße. Durch die flache Rückseite der Optik ist hiermit ein dauernder sicherer Abstand zur Iris gegeben, der einen pupillären Block äußerst unwahrscheinlich macht. Die Größe der Linse wird diagonal über die Stützfüße gemessen, d. h. der Durchmesser eines um die gesamte Linse beschriebenen Kreises muß für die Implantation 1 mm größer gewählt werden als der gemessene Weiß-zu-Weiß-Durchmesser.

Sofern die Pupille nicht eng ist, kann diese mit Acetylcholin so verengt werden, daß keine Gefahr besteht, einen Linsenfuß im Pupillarbereich einzuklemmen. Die Vorderkammer sollte nicht zu tief sein, um keine konkave Wölbung der Iris hervorzurufen, in der sich die Fußpunkte des Implantats verhaken könnten.

Zur Implantation der Linse wird diese mit einer Implantationspinzette an einem Ausleger gefaßt, gespült und zunächst mit dem dem Fußpunkt gegenüberliegenden Schenkel durch die Inzision geschoben (Abb. 5.19).

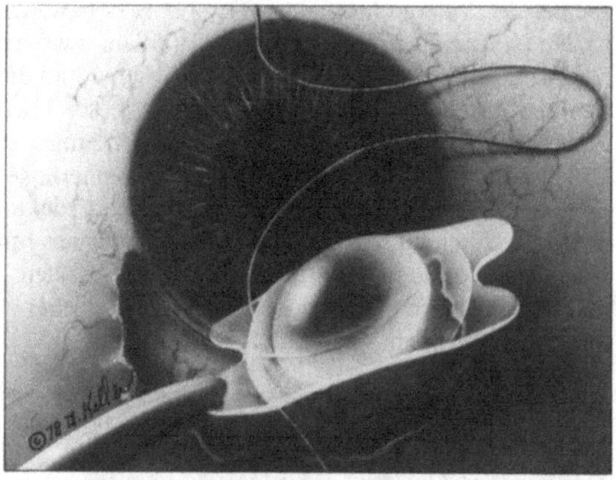

Abb. 5.19

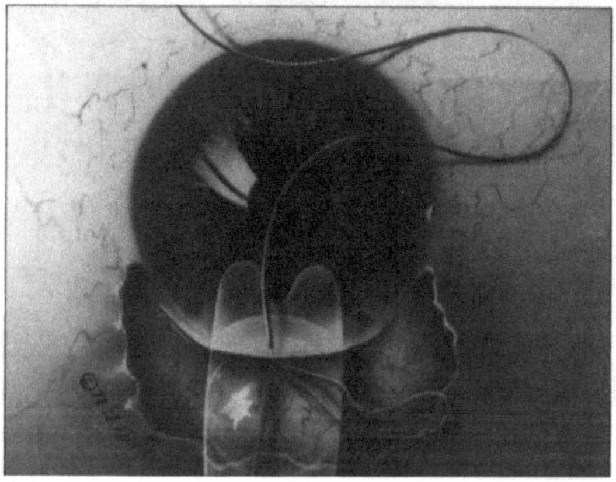

Abb. 5.20

Instrumente:
BONN-Pinzette

Danach gelingt es in der Regel leicht, den zweiten Fußpunkt durch die Inzisionsstelle zu schieben, und schräg nach unten in die Vorderkammer einzuführen, ohne die Iris zu streifen oder das corneale Endothel zu berühren (Abb. 5.20 und 5.21). Am besten erfolgt die Implantation der Vorderkammerlinse in die durch Luft stabilisierte Vorderkammer. Dabei ist zu starker Druck auf den skleralen Rand zu vermeiden, damit diese Luft nicht entweichen kann.

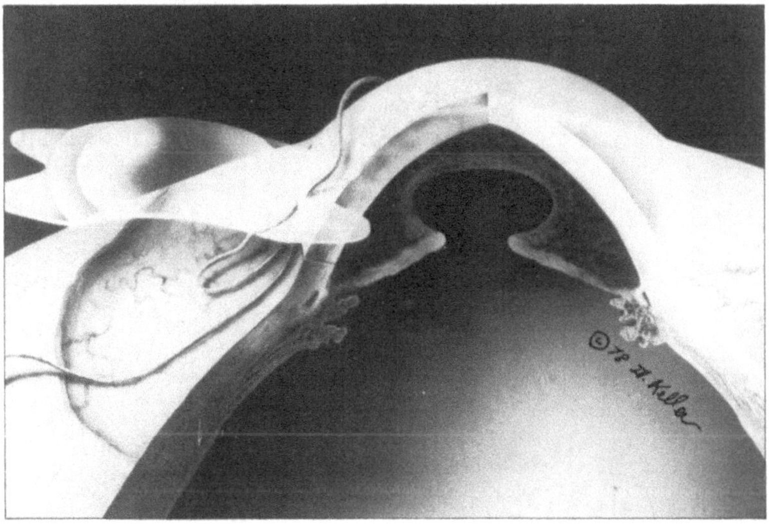

Abb. 5.21

Wenn die Vorderkammerlinsen-Fußpunkte den Pupillarbereich passieren, kann der noch nicht implantierte Teil der Vorderkammerlinse gegen den skleralen Rand etwas heruntergedrückt werden. Dadurch hebt sich der in der Vorderkammer befindliche Anteil leicht an und vermeidet den Kontakt zum Pupillenbereich (Abb. 5.22 und 5.23).

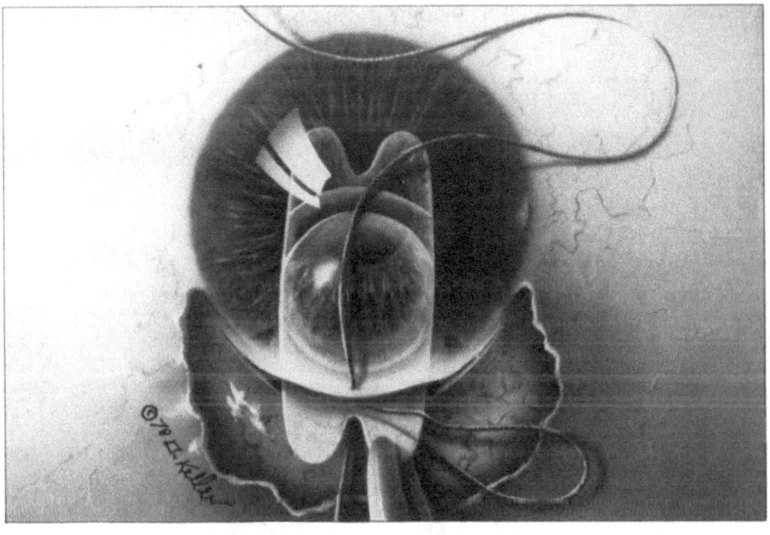

Abb. 5.22

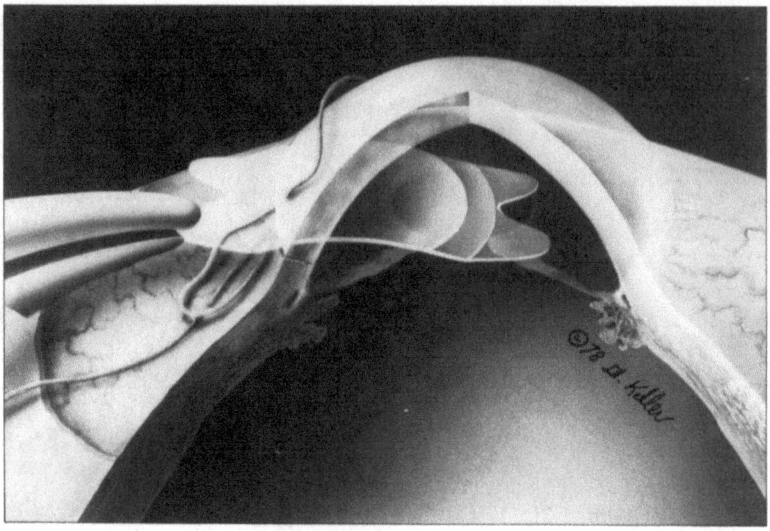

Abb. 5.23

Die Vorderkammerlinse soll ohne wesentliche Berührung über die Iris hinweggleiten, bis die ersten beiden Fußpunkte den gegenüberliegenden Kammerwinkel erreicht haben (Abb. 5.24 und 5.25). Es ist darauf zu achten, daß die Pupille rund und zentriert ist; eine verzogene und dezentrierte Pupille ist stets als Hinweis auf geklemmte Irisanteile zu werten. In diesem Fall muß die Vorderkammerlinse reponiert und eine erneute korrekte Lage angestrebt werden. Nach Implantation des anderen Endes der Vorderkammerlinse ist eine eingeklemmte Iris nicht mehr zu reponieren.

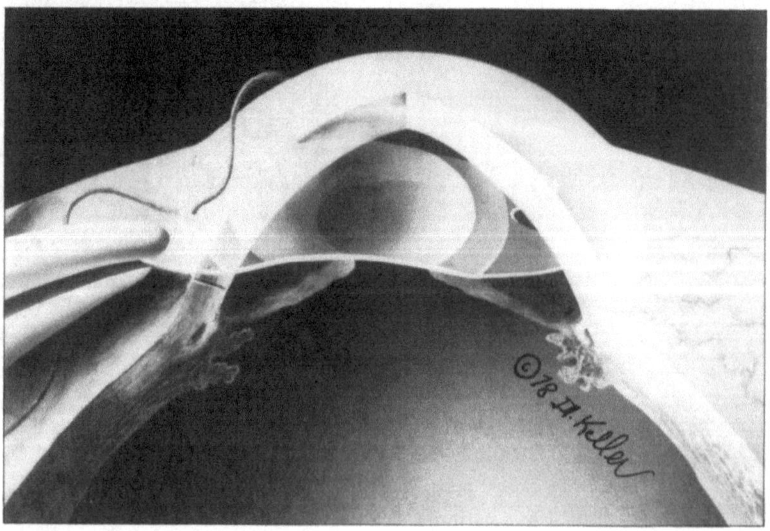

Abb. 5.24

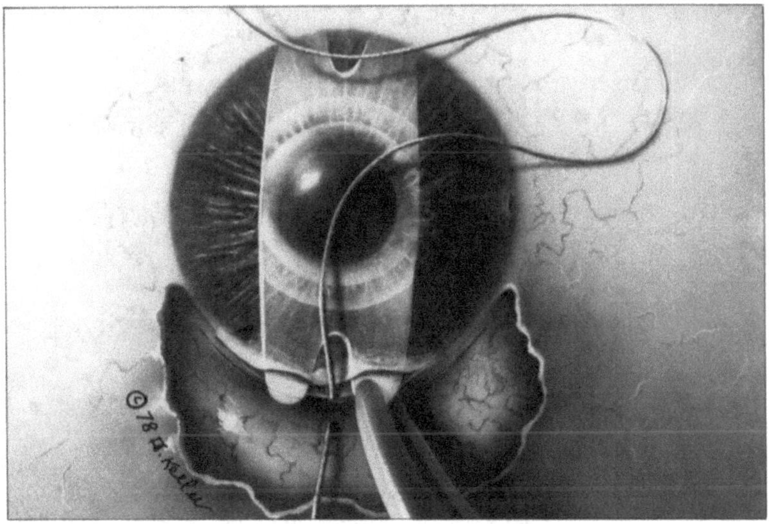

Abb. 5.25

Nachdem die gegenüberliegenden Linsenfüße unter dem Skleralsporn ihre endgültige Position gefunden haben, ragen die noch nicht implantierten Linsenfüße ca. 1 mm über der Inzision hinaus. Die endgültige Implantation erfolgt mit einem Cyclodialysespatel in der rechten und einer abgewinkelten Kolibri-Pinzette in der linken Hand. Mit der Pinzette wird die Sklera angehoben, und mit dem Cyclodialysespatel werden die beiden Füße unter die elevierte Skleralefze geschoben (Abb. 5.26 und 5.27).

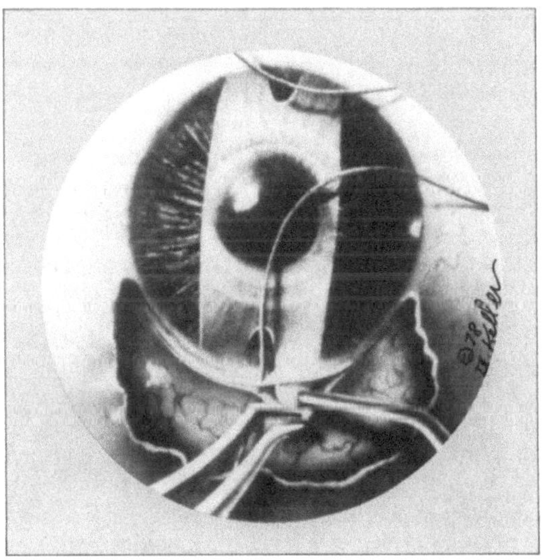

Abb. 5.26

Instrumente:
Cyclodialysespatel
abgewinkelte Pinzette

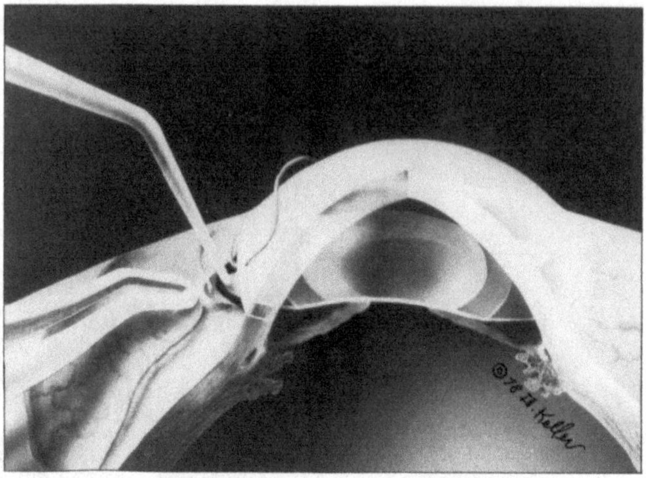

Abb. 5.27

Für die endgültige Implantation ist nur ein geringer Druck notwendig, um eine richtige Positionierung der Vorderkammerlinse zu erreichen. Ist die gewählte Linse zu lang, kann sie nicht implantiert werden, ohne Druck auf den Kammerwinkel auszuüben. Die Linse muß durch eine 0,5 mm kürzere Linse ausgetauscht werden. Ist die Linse dagegen zu klein gewählt, besteht die Gefahr, daß sie in der Vorderkammer rotiert bzw. sich unter Kontakt zum cornealen Endothel bewegt und zu Irritationen führt. In diesem Fall muß eine Vorderkammerlinse mit größerem Durchmesser gewählt werden.

Nach vollständiger Implantation der Linse in die Vorderkammer wird ein Cyclodialysespatel zwischen die bei 12.00 Uhr gelegenen Füße der Linse gelegt, und sie wird vorsichtig angehoben. Wenn die Position richtig und die Länge richtig gewählt ist, wird die Linse danach in ihre ursprüngliche Position zurückkehren. Wenn sie zu kurz ist, wird sich die Linse leicht nach vorne bewegen lassen, und die bei 12.00 Uhr gelegenen Füßchen werden unterhalb des Einschnitts sichtbar.

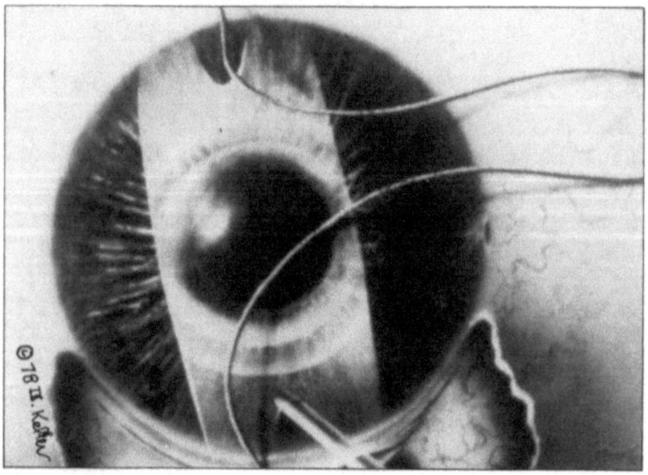

Abb. 5.28

Nach Abschluß der Linsen-Implantation wird die Luft aus der Vorderkammer entfernt, durch BSS ersetzt und der Verschluß der Inzision mit Hornhautnähten vollendet. Zur Kontrolle der Linsenlage und -größe wird durch einen seitlichen Druck paralimbal (Tap-Test) das freie Spiel der Iris unter der Vorderkammerlinse geprüft (Abb. 5.29). Dabei muß sich das Gewebe am unteren Ende der Linse verschieben, die Linse selbst wird stabil bleiben, sofern eine geeignete Vorderkammer-Linsengröße und ein passender Sitz gewählt wurden.

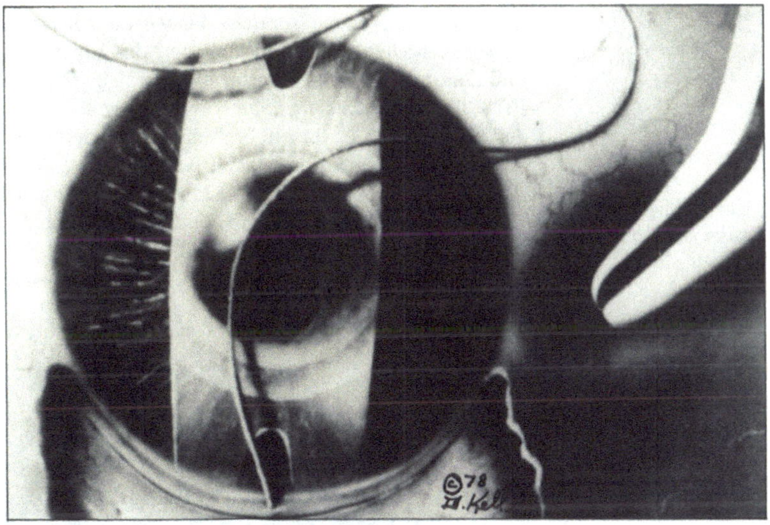

Abb. 5.29

Im Anschluß an den endgültigen Wundverschluß und Kontrolle der Lage der Vorderkammerlinse werden 10 mg Gentamycin und wasserlösliches Cortison subkonjunktival gegeben. Die Pupille wird weit gestellt, um Synechien zu vermeiden.

5.4. Flexible Vorderkammerlinsen am Beispiel der KELMAN-OMNIFIT II

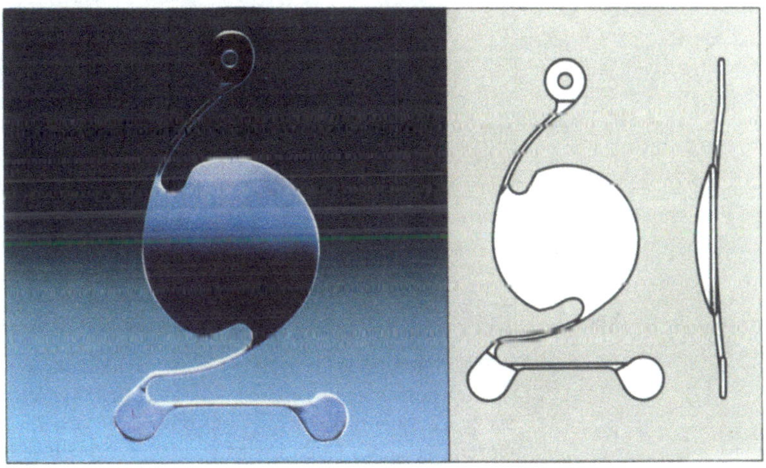

Abb. 5.30

Bei der KELMAN-Omnifit II (Abb. 5.30 und 5.31) handelt es sich um eine flexible Vorderkammerlinse, die einstückig aus PMMA gefertigt ist. Eine Implantation kann entweder nach einer intra-, einer extrakapsulären Kataraktextraktion oder nach einer KELMAN Phakoemulsifikation vorgenommen werden.

Durch ihre spezielle Formgebung hat die KELMAN-Omnifit-II Linse eine hohe Flexibilität, wobei entscheidend ist, daß die Verformung bei äußerem Druck nicht in der Umgebung des Kammerwinkels, also bei den Stützpunkten der Linse, stattfindet, sondern da, wo die Linsenschlingen in die Haptik der Linse übergehen. Die Stützschlingen der Linse weisen ihre dünnsten Stellen und damit die maximale Verbiegung infolge größter Biegespannung an den mit Pfeil 1 in der unten stehenden Abbildung gekennzeichneten Stellen auf. Infolge der bewußt angeordneten Freischnitte an den mit Pfeil 2 gekennzeichneten Stellen wird eine translatorische Bewegung der Schlingen bei Verformung des Auges in eine Rotation 3 des Linsenkörpers umgewandelt, wodurch ein Verwölben (vaulting) der Linse in Richtung Hornhautendothel, wie bei vielen anderen Linsentypen vorhanden, nicht auftritt.

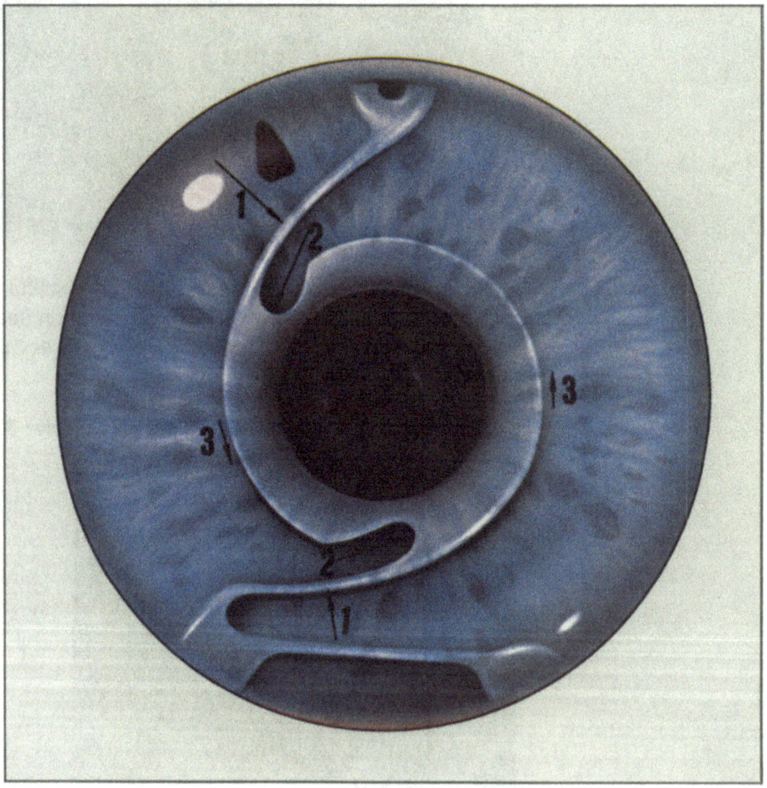

Abb. 5.31

Die Omnifit II ist in zwei Größen erhältlich. Wegen ihrer hohen Flexibiliät ist dies ausreichend für alle Augengrößen. Bei einer Weiß-zu-Weiß-Messung bis zu 12 mm wird ein Linsendurchmesser von 13,2 mm verwendet, bei Überschreitung dieses Maßes wird eine 14,2 mm-Linse implantiert.

Der Durchmesser der Optik dieser Linse ist 5,5 mm, wobei die Inzision in die Vorderkammer infolge der Schlingenanordnung in Form eines offenen Dreiecks auch nicht größer als 5,5 mm sein muß. Infolge dieses kleinen Einschnitts eignet sich diese Linse hervorragend zur Sekundärimplantation.

Die Ebene der Optik ist der Ebene, in der die Stützfüße im Kammerwinkel liegen, d.h. der vorderen Irisebene, vorgelagert, so daß eine ständige Reibung zwischen Iris und Linse völlig vermieden wird.

Die bisher bekannten und üblicherweise verwendeten Vorderkammerlinsen verfügen fast ausschließlich — sofern es sich um flexible Linsen handelt — über Schlingen aus Polypropylen. Nach den heutigen Erkenntnissen werden hierdurch jedoch verschiedene Reaktionen hervorgerufen. Die Ursache dafür dürfte zum einen in den gewebeschädigenden Eigenschaften von Polypropylen liegen, speziell durch Ausscheidung von Bestandteilen bei Einwirkung von UV-Strahlung. Zum zweiten entstehen an den Biegestellen der Polypropylenschlingen, die grundsätzlich dort liegen, wo die Schlinge das Gewebe im Kammerwinkel berührt, ständige Mikro-Bewegungen zwischen Schlinge und Gewebe. Man geht davon aus, daß dies, wie schon anfangs erwähnt, Reaktionen des Gewebes provoziert (z. B. Hyphämata).

Durch die Lagerung der KELMAN-Omnifit an nur drei Punkten entsteht keine Mikrobewegung zwischen den Schlingen und dem Kammerwinkelgewebe. Es entsteht nicht einmal eine Drehbewegung an diesen Stellen, da ausschließlich der Linsenkörper selbst die Drehung ausführt, der durch seinen Abstand zur Irisebene bei dieser Drehung keine Gewebeberührung hat.

Die Implantation wird nun begonnen mit einer Weiß-zu-Weiß-Messung mit dem Meßzirkel. Diese Messung dient zur Festlegung der zu verwendenden Linsengröße, wobei davon auszugehen ist, daß 99 % aller erwachsenen Augen einen Durchmesser zwischen 10 1/2 und 12 mm haben, so daß in nahezu allen Fällen ein Linsendurchmesser von 13,2 mm verwendet werden kann. Erfolgt die Implantation nach einer Phakoemulsifikation, ist es nun ausreichend, die Vorderkammer auf 5,5 mm Länge zu eröffnen. Das Verfahren hierzu wird im Kapitel »Extrakapsuläre Kataraktextraktion« beschrieben.

Es ist zu empfehlen, für die Implantation von Vorderkammerlinsen Amvisc oder Healon zu verwenden (Abb. 5.32). Es liegt auf der Hand, daß hierdurch ein Endothelzellverlust durch Linsenberührung während des Implantationsvorganges verringert wird und die Vorderkammer während der gesamten Implantation stabil erhalten bleibt. Eine mögliche Komplikation — ein Sekundärglaukom — kann vermieden werden, indem die Vorderkammer nach der Implantation mit einem Saug-Spül-System sorgfältig gespült wird.

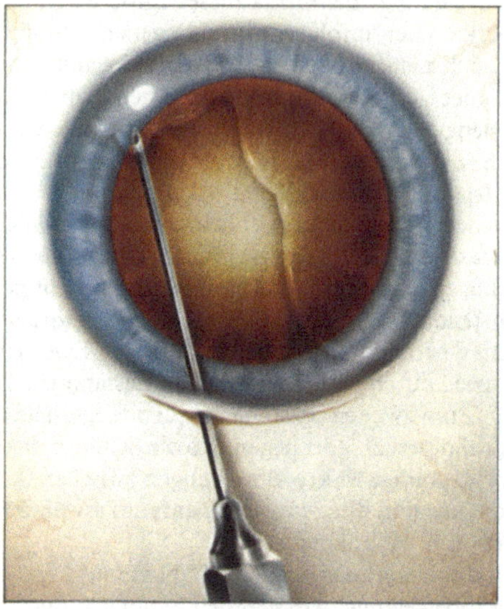

Abb. 5.32

Die Linse wird nunmehr z. B. mit einer MAWAS-Pinzette am proximalen Ende gefaßt (Abb. 5.33), und zwar an der Stelle, an der die Schlinge in die Haptik übergeht, weil hier die größte Stabilität beim Einführen der Linse gewährleistet ist. Darauf wird die Linse in der mit Pfeil gekennzeichneten Richtung in die Vorderkammer eingeschoben.

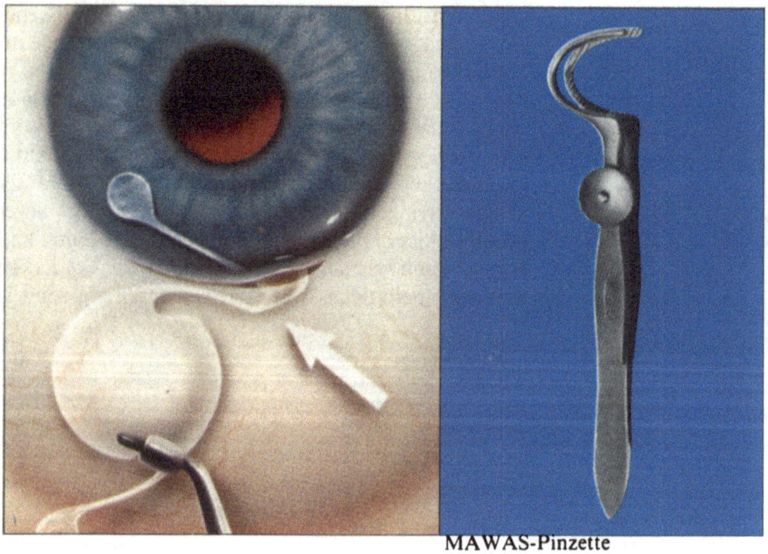

Abb. 5.33

MAWAS-Pinzette

Ist der untere Linsenstützbügel in der Vorderkammer, wird die Linse leicht gedreht und gerade in Richtung auf 6.00 Uhr weiter in die Vorderkammer geschoben (Abb. 5.34).

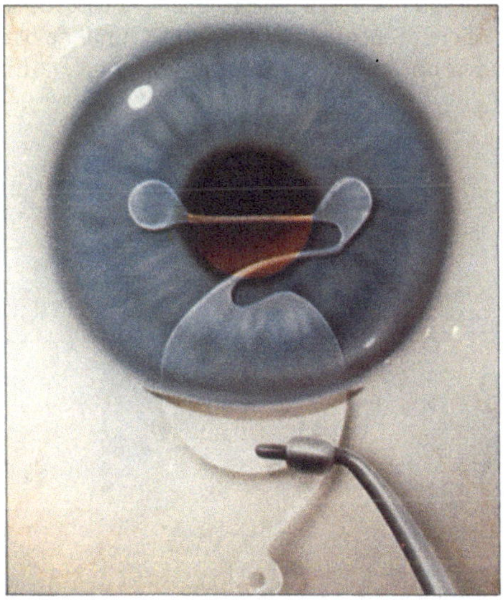

Abb. 5.34

Wenn der Verbindungssteg der beiden unteren Stützpunkte die Pupillenmitte erreicht hat, wird mit der Pinzette das Ende des oberen Stützpunktes ergriffen und die Linse auf diese Art weiter in die Vorderkammer geschoben. Wenn die beiden unteren Stützpunkte den Kammerwinkel erreicht haben, wird mit der Pinzette ein leichter Druck auf den oberen Stützpunkt nach hinten ausgeübt (Richtung Boden), wodurch die beiden unteren Stützpunkte leicht angehoben werden und ein Verklemmen der Iris zwischen Stützpunkten und Kammerwinkel vermieden wird (Abb. 5.35).

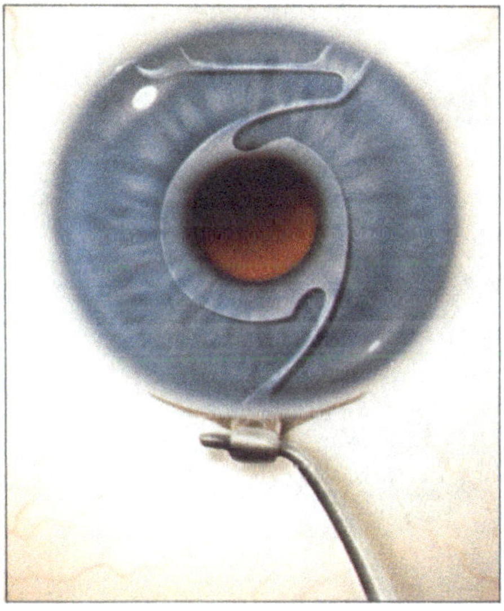

Abb. 5.35

Eine Pinzette — vorzugsweise eine KELMAN-Pinzette — wird nun in das Loch des oberen Stützpunktes eingeführt, und die obere Schlinge wird vorsichtig unter den oberen skleralen Rand geschoben (Abb. 5.36).

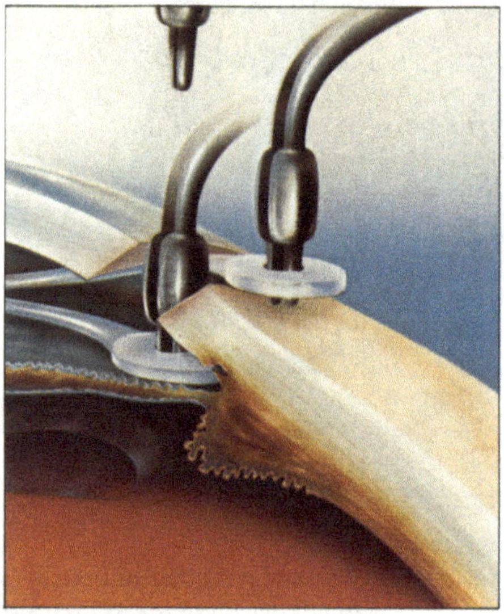

Abb. 5.36 KELMAN-Pinzette

An dieser Stelle wird nun die Position aller Stützfüße im Kammerwinkel unter Verwendung eines THORPE-Gonio-Prismas kontrolliert. Es ist hier zu bedenken, daß auch bei einer runden Pupille die Stützfüße falsch im Kammerwinkel liegen können (Abb. 5.37)

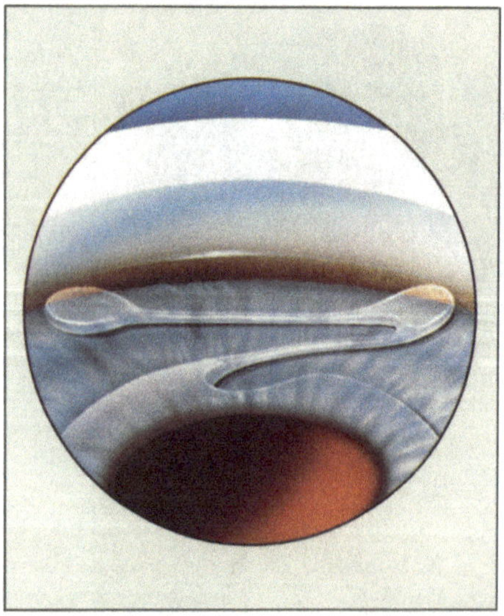

Abb. 5.37 THORPE-Gonio-Prisma

Die Lage des oberen Stützfußes wird mit einem POSNER-Gonio-Spiegel kontrolliert. Falls bei einem der Stützfüße eine falsche Lage festgestellt wird, kann diese unter Verwendung eines SINSKEY-Hakens korrigiert werden (Abb. 5.38).

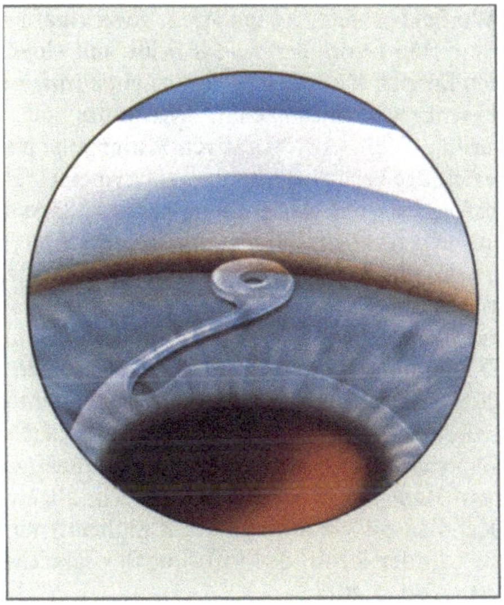

Abb. 5.38 POSNER-Gonio-Spiegel

Der letzte Schritt ist die Anlage einer Iridektomie bei ca. 1.00 Uhr in der bereits beschriebenen Weise ca. 1 mm von der Iriswurzel entfernt. Nach Anlage von zwei Nähten in der dargestellten Lage kann eine primäre Kapsulotomie angelegt werden (Abb. 5.39).

Spül-System Cystotom

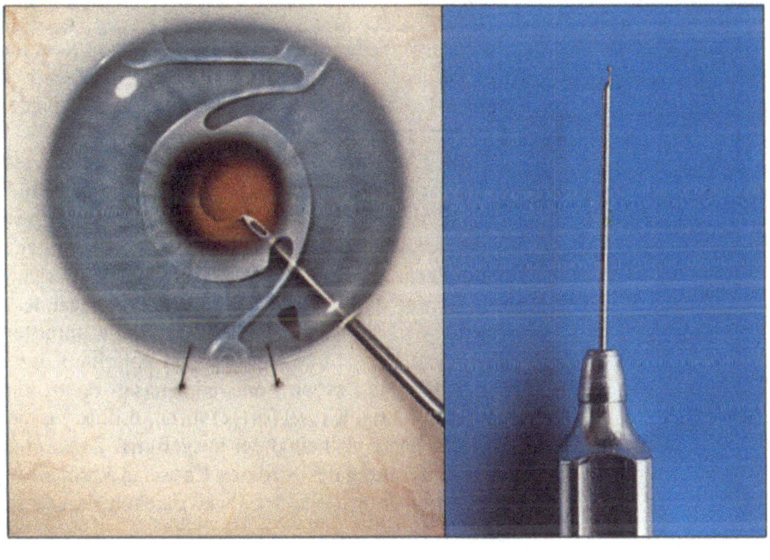

Abb. 5.39

5.5. Die extrakapsuläre Kataraktextraktion (ECCE)

Die extrakapsuläre Kataraktextraktion beginnt mit Lösen der Bindehaut in den beiden oberen Quadranten von 9.30 Uhr über 11.30 Uhr nach 2.30 Uhr als Peritomie mit einer Bindehautschere. Blutende Gefäße lassen sich mit einem Bipolar-(Wetfield-)Kauter koagulieren. Zweckmäßigerweise läßt sich der projektierte Starschnitt vorlinieren, das heißt, mit einer Rasierklinge wird im goniokleralen Bereich eine ca. 160° umfassende Inzision angelegt, die ca. 2/3 der Hornhaut senkrecht durchtrennt. Wiederum gilt dabei, daß eine sklerale Schnittführung einem postoperativen Astigmatismus entgegenwirkt, während eine corneale Lage vermehrte Blutungen vermeidet. Die Eröffnung der Vorderkammer erfolgt mit der Rasierklinge nahezu tangential und in einem rechten Winkel zum senkrecht zur Sklera vorgelegten Schnitt beim Rechtshänder rechts von 12.00 Uhr. Bei Linkshändern kann diese Eröffnung links von 12.00 Uhr ausgeführt werden. Dieses Vorgehen ist im Kapitel »Intrakapsuläre Kataraktextraktion« beschrieben. Die punktförmige Eröffnung der Hornhaut garantiert die Stabilität der Vorderkammer bzw. vermeidet bei der Inzision der vorderen Kapsel eine stehende Vorderkammer bei geringem Durchfluß. Zur Öffnung der vorderen Kapsel eignen sich sowohl spezielle Cystotome mit und ohne Durchflußvorrichtung als auch Injektionskanülen (z.B. Größe 20), deren Spitze mit einem Nadelhalter ca. 1 mm senkrecht abgewinkelt wird. Die Abwinklung der Kanülenspitze kann von der Kanülenöffnung nach hinten ausgeführt werden, so daß der Strom der Infusionsflüssigkeit auf das corneale Endothel gerichtet ist (Abb. 5.40).

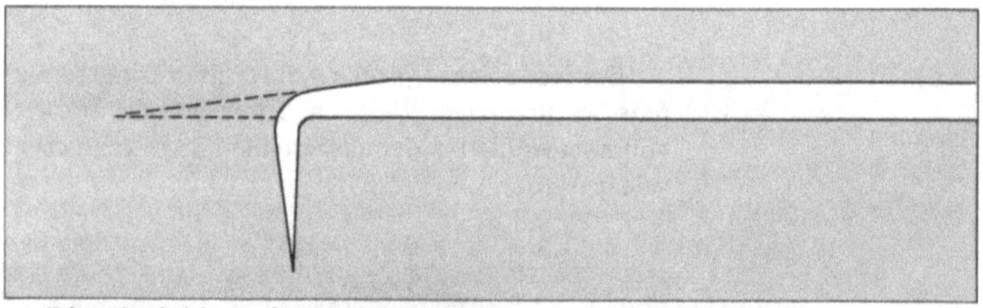

Abb. 5.40

Die Abwinklung der Kanülenspitze kann aber auch entgegengesetzt ausgeführt werden, so daß der Strom der Infusionsflüssigkeit durch die davorliegende Kanülenabwinklung gebrochen wird und das corneale Endothel nicht dem direkten Strom ausgesetzt ist.

Nach Einführen der abgewinkelten Kanüle in die Vorderkammer wird mit der Infusion begonnen, die gerade so stark sein muß, daß die Vorderkammer nicht kollabieren kann. Beim Vorschieben der abgewinkelten Kanüle durch die Vorderkammer ist darauf zu achten, daß die Spitze senkrecht zur Bewegungsrichtung gehalten und eine Verletzung der Vorderkammerstrukturen vermieden wird. Ist der der Eintrittsstelle gegenüberliegende Punkt des Pupillarrandes erreicht, wird die Kanüle gedreht und kann unmittelbar vor dem Pupillarrand die vordere Kapsel durchstoßen. Im Anschluß daran wird die Kanüle wieder aufgerichtet, und es wird entweder nasal- oder temporalwärts mit der Diszision der vorderen Kapsel fortgefahren, d.h. es werden punktförmige Inzisionen in dichter Folge nacheinander ausgeführt. Dadurch ergibt sich eine fortlaufende Durchtrennung der vorderen Kapsel in Form einer gezackten Linie bis direkt unter die Eingangsstelle der abgewinkelten Kanüle am Pupillarrand (Abb. 5.41 bis 5.43).

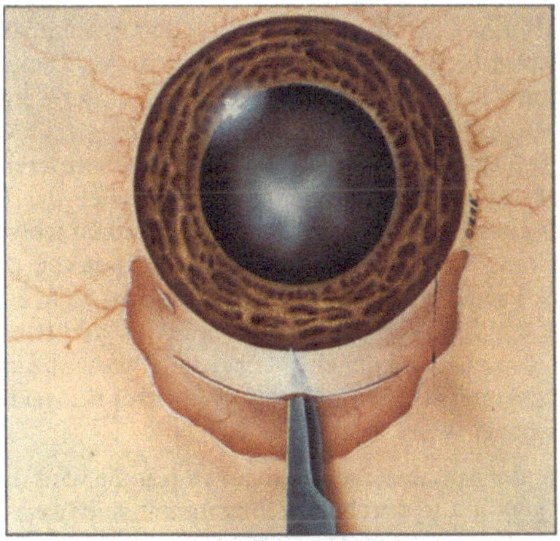

Abb. 5.41

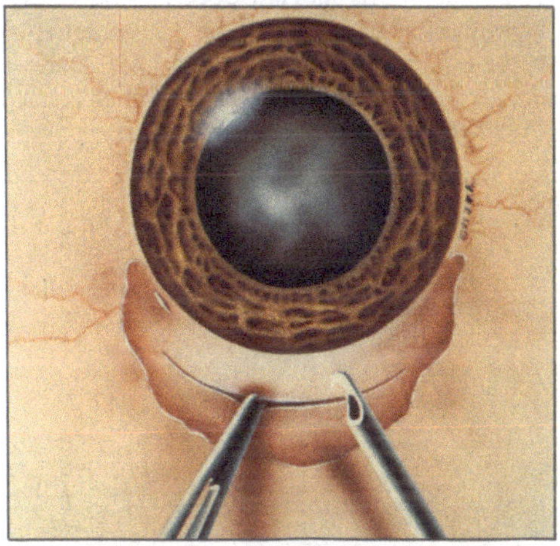

Abb. 5.42

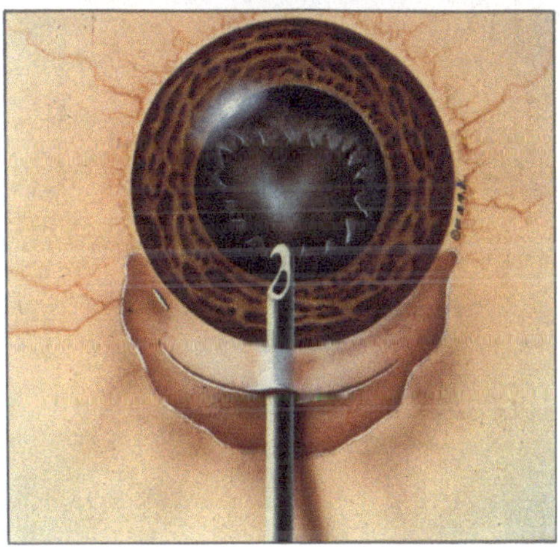

Abb. 5.43

Die jeweils noch nicht eröffnete Hälfte wird dann wieder — beginnend von der entfernten Stelle — diszidiert, so daß sich am Schluß ein nahezu kreisrundes Kapselstück in der Vorderkammer findet. Diese Art der vorderen Kapseleröffnung läßt sich mit der Öffnung von Dosen vergleichen und wird deshalb auch als »Can-Opening-Methode« bezeichnet. Zur Vermeidung einer zusätzlichen Infusion läßt sich die Eröffnung der vorderen Kapsel auch unter einer Luftblase ausführen, doch ist in diesem Fall der Einblick durch die unterschiedlichen Brechungsverhältnisse der Medien schwieriger. Wichtig ist darauf zu achten, daß die einzelnen Diszissionspunkte, die mit der abgewinkelten Kanüle bzw. dem Cystotom gesetzt werden, nicht zu groß gewählt werden, da sich dadurch verschieden große Zipfel der verbleibenden Kapsel ergeben; zu große Kapselzipfel können aber bei der Absaugung in die Absaugöffnung geraten und zum Einreißen in Richtung hinterer Kapsel führen bzw. das Absaugen verbliebener Reste erschweren.

Mit der Spitze der abgewinkelten Kanüle wird der Linsenkern jetzt exzentrisch gefaßt und durch vorsichtig drehende Bewegung aus seiner Lage gelöst. Die Luxation des Kerns mit Hilfe des Cystotoms bzw. der abgewinkelten Kanüle kann soweit erfolgen, daß sich der Linsenäquator anhebt und in Richtung Pupillarebene bewegt (Abb. 5.44 und 5.45). Dabei erweist es sich als günstig, wenn der Strom der Infusionslösung zwischen Nucleus und Cortex gerät und so den Linsenkern »herausschwemmt«.

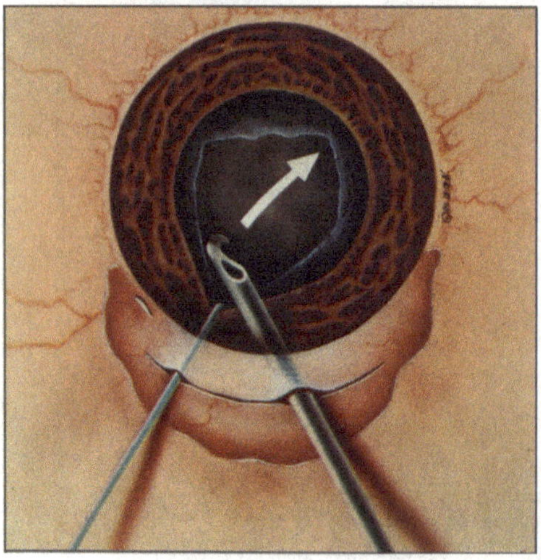

Abb. 5.44 Cystotom

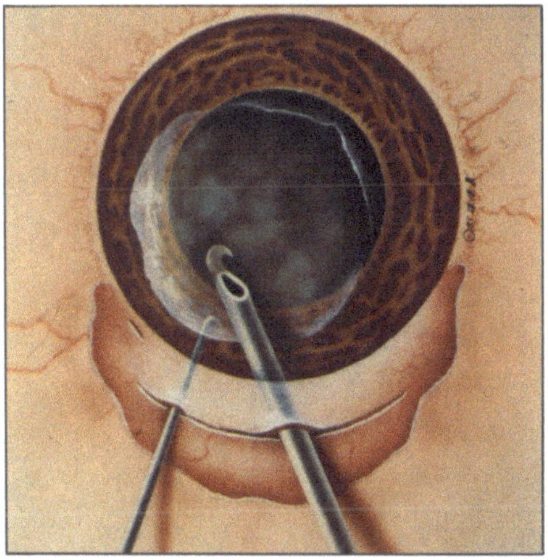

Abb. 5.45

Nach Lösen des Kerns aus seiner ursprünglichen Lage wird die Inzisionsstelle mit der Rasierklinge erweitert. Zunächst wird die bisher vorhandene ca. 1,5 mm weite Öffnung mit einem Superblade, 45°, auf ca. 4 mm erweitert. Dann erfolgt die eigentliche Starschnitteröffnung mit einer Hornhautschere (z.B. TROUTMAN-Schere) durch Schnittführung im vorlinierten Bereich zunächst nach links, dann nach rechts (wie im Kapitel »Intrakapsuläre Kataraktextraktion« beschrieben).

Vor Entfernung des Linsenkerns wird eine Iridektomie bei 12.00 Uhr ausgeführt; dabei wird mit einer Irispinzette basales Irisgewebe gefaßt, durch den Starschnitt nach außen luxiert und mit einer WECKERS-Schere abgetrennt.

Die Extraktion des gelösten Linsenkerns kann auf verschiedene Weise erfolgen: bei dem sogenannten Schlittenmanöver wird durch Druck mit einem Linsenlöffel bei 6.00 Uhr im Limbusbereich der kausale Linsenrand nach unten gedrückt; dadurch erscheint der apikale Linsenkern unmittelbar im Starschnittbereich. Durch Depression der skleralen Wundlippe bei 12.00 Uhr mit einem Irisspatel in der rechten Hand öffnet sich der Starschnitt, und der apikale Kernäquator erscheint bereits in dem sich öffnenden Starschnitt. Durch Zugabe des kausalen Drucks verläßt der gelöste Kern den Pupillarbereich. Alternativ zum Schlittenmanöver zu empfehlen ist aber das Ausschwemmen (Irrigation) des Linsenkerns mittels Spülschlinge und vorsichtigem Gegendruck durch eine Pinzette. Die Spülschlinge nach PIERCE/KNOLLE wird hierbei unter ständiger Spülung bis unter den Linsenkern geschoben, wodurch der Linsenkern aus der Vorderkammer gewaschen wird (Abb. 5.46 und 5.47). Durch leichten Druck mit der Pinzette auf den Limbus wird die Bewegung des Kerns hierbei noch unterstützt. Die Verwendung einer Spülschlinge ist jedoch nicht zwingend mit Einsatz einer Pinzette verbunden. Eine Irrigation des Linsenkerns läßt sich auch mit dem Saug-Spül-Ansatz ausführen, indem der Tip mit der Infusionsöffnung in Richtung hinterer Kapsel diese nach hinten drängt und mit dem Fluß der Infusionslösung der Nucleus aus Hinter- und Vorderkammer aus dem Starschnitt austritt.

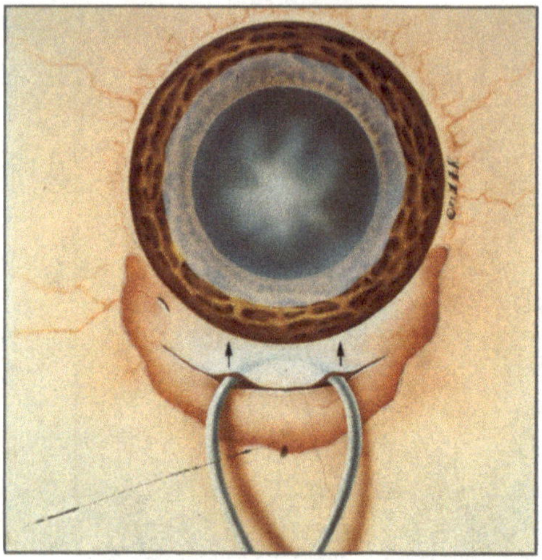

Abb. 5.46

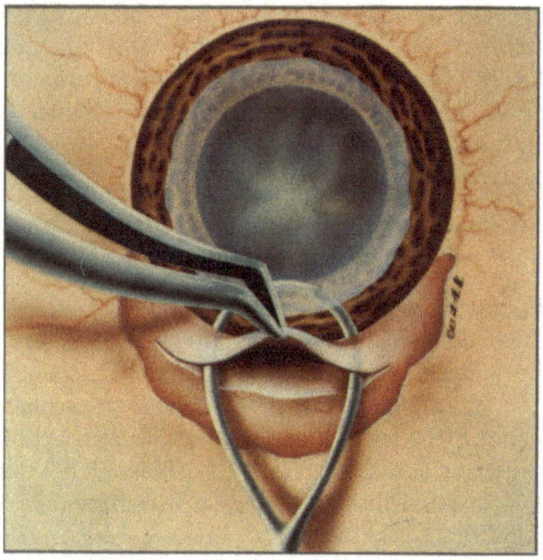

Abb. 5.47

Spülschlinge oder Starlöffel

Zur Stabilisation der Vorderkammer wird im Anschluß an die Extraktion des Linsenkerns der Starschnitt partiell adaptiert mit 3 oder 4 einzelnen Hornhautfäden bzw. mit einer fortlaufenden Naht. Der Einsatz von 10—0 Nylonfäden hat sich dabei bewährt. Je nach Größe des zu adaptierenden Starschnitts können dabei 3 oder 4 Einzelnähte verwendet werden. Es ist jedoch darauf zu achten, daß sich mindestens an einer Stelle eine 4 mm Öffnung ergibt, die als Eintrittspforte für die Saug-/Spül-Vorrichtung dient. Dabei wird der Rechtshänder eine rechts von 12.00 Uhr gelegene Eintrittspforte für die in seiner rechten Hand gehaltene Saug-Spül-Vorrichtung bevorzugen.

Je nach Festigkeit der verbliebenen Rindenanteile lassen sich Saug-Spül-Vorrichtungen mit verschieden großer Öffnung verwenden; in der Regel reicht jedoch die 2 mm-Öffnung zum Absaugen der verbliebenen Reste aus. Ein Einfluß auf die Absaugstärke läßt sich auch durch Modifikation der Sogleistung z.B. des HESLIN/MACKOOL-Systems erreichen, indem bei sehr viskösem Rindenmaterial der Sog von üblicherweise 200 mm Hg erhöht und dadurch ein schnellerer Absaugvorgang erzielt wird. Neuerdings lassen sich auch Saug-Spül-Ansätze mit Ultraschall-Unterstützung einsetzen (KEATES-Ansatz), die es erlauben, auch sehr zähe Rindenmasse unter Einsatz von Ultraschallfragmentierung mit geringerer Leistung abzusaugen. Der eigentliche Absaugvorgang wird günstigerweise mit Ansaugen der Cortexanteile am Pupillarrand begonnen, da dadurch äquatoriale Rindenanteile mitgezogen werden, die in ihrer Verlängerung subkapsuläre hintere Anteile mit ablösen. Durch wiederholte Absaugvorgänge in dieser Weise lassen sich alle Rindenteile komplett absaugen, wobei die direkt unter der Inzisionsstelle gelegenen Partien am schwersten zu entfernen sind. Sollten bei 12.00 Uhr gelegene Cortexanteile der Absaugung widerstehen, lassen sich durch Einbringen der Absaugvorrichtung von der gegenüberliegenden Seite auch diese Partien komplett entfernen. Es sind auch gewinkelte Absaugansätze empfohlen worden, mit denen okkulte Rindenanteile erfaßt werden können. Alle auf der hinteren Kapsel verbliebenen Rindenanteile lassen sich im Anschluß daran durch die Absaugung mit verminderter Saugleistung (50 mm) H_2O entfernen, ohne daß die Kapsel selber angesogen wird und ruptuieren kann. Diese Absaugung von Resten der hinteren Kapsel ist dem oft angewendeten Polierverfahren überlegen, da in dieser Weise anhaftende Teile nicht nur abgelöst, sondern gleichzeitig auch entfernt werden. Der oben beschriebene Vorgang ist im nachstehenden Kapitel über die Phakoemulsifikation bebildert dargestellt.

Sofern keine intraokulare Linse implantiert wird, erfolgt im Anschluß daran der endgültige Wundverschluß mit 10 - 0 Nylonfaden (Abb. 5.48). Die Adaptation der abgelösten Bindehaut erfolgt durch 2 Vicrylnähte bei 10.00 Uhr und 2.30 Uhr.

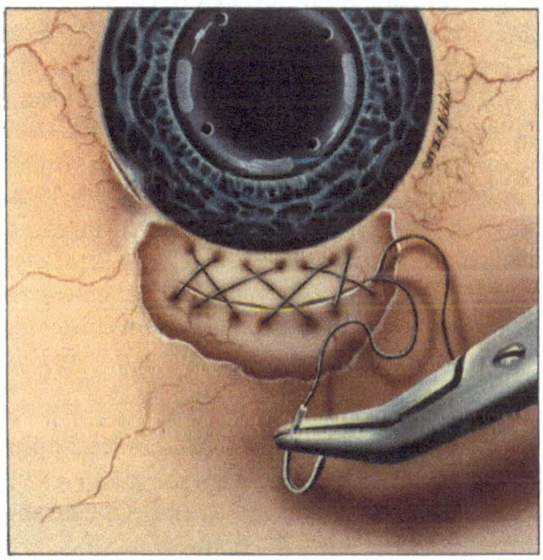

Abb. 5.48

5.6. Implantation einer Hinterkammerlinse

Die Implantation für Hinterkammerlinsen schließt sich an eine extrakapsuläre Kataraktextraktion (ECCE), wie oben dargestellt, oder an eine Phakoemulsifikation (KPE) an. Für die Implantation einer Hinterkammerlinse wird die bei einer extrakapsulären Kataraktextraktion geschaffene corneosklerale Inzision verwandt. Sind die Abstände der cornealen Hornhaut-Einzelfäden, die zur vorläufigen Adaptation des Starschnitts bei der Absaugung gedient haben, zu dicht gestellt, müssen ein oder mehrere Fäden wieder entfernt werden. Die corneosklerale Öffnung zur Implantation einer Hinterkammerlinse hängt ab von dem Durchmesser der verwendeten Optik. Bei den meisten der heute erhältlichen Hinterkammerlinsen beträgt diese 6 mm, so daß für die Implantation eine 7 mm-Öffnung im corneoskleralen Starschnitt ausreicht. Vor jeder Hinterkammerimplantation ist die Vorderkammer mit Luft oder viskoelastischem Material aufzufüllen. Dies hat mehrere Gründe: durch die Vertiefung der Vorderkammer besteht keine Gefahr, daß die Vorderfläche der Hinterkammerlinse mit dem cornealen Endothel in Berührung kommt und die endothelialen Zellen ablöst. In einer luftgefüllten Vorderkammer fällt die Hinterkammerlinse durch das in Luft höhere spezifische Gewicht in Richtung Iris bzw. Pupille und geht damit in die intendierte Position in Richtung Hinterkammer. Durch den Druck der in der Vorderkammer befindlichen Luftblase werden Iris und Hinterkapsel in eine konkave Position gebracht. Damit erleichtert sich die Einführung der unteren Schlinge in die Hinterkammer. Die Implantation einer Hinterkammerlinse ist abhängig vom gewählten Hinterkammerlinsen-Typ. Dargestellt werden im folgenden zwei der am meisten verwendeten Hinterkammerlinsen-Arten.

5.7. Hinterkammerlinsen

5.7.1. Linsen vom Typ SINSKEY oder KRATZ

Linsen vom Typ SINSKEY oder Typ KRATZ (Abb. 5.49) unterscheiden sich von der Implantationstechnik her nicht wesentlich. Das unten angegebene Implantationsschema ist daher in seinen Abläufen für beide Linsentypen identisch. Technisch unterscheidet sich die KRATZ-Linse von der SINSKEY-Linse durch eine Abwinkelung der Schlingen unmittelbar neben dem Punkt, in dem die Schlinge in den Linsenkörper eingeführt ist. Diese Abwinkelung ermöglicht ein Biegen der gesamten Schlinge zum Linsenkörper hin mit weniger Kraftaufwand und ein Eindringen der Schlinge in den Linsenkörper mehr in radialer Richtung, als dies bei einer fehlenden Abwinkelung möglich wäre. Weiterhin ist es bei der Anordnung nach KRATZ möglich, die Schlinge in ihrem Gesamtverlauf völlig tangential zum Linsenkörper zu gestalten, wodurch eine Zentrierung der Linse verbessert wird. Außerdem entsteht zwischen Schlinge und Linse keine Ecke, so daß sich der Pupillenrand beim Einführen der Linse nicht verhaken kann.

Bei der Wahl einer SINSKEY- bzw. KRATZ-Linse wird der Linsenkörper mit einer Pinzette am Rand gefaßt (Abb. 5.50); es ist darauf zu achten, daß auf den zentralen Anteilen der Optik keine Kratzeffekte durch zu starken Druck entstehen.

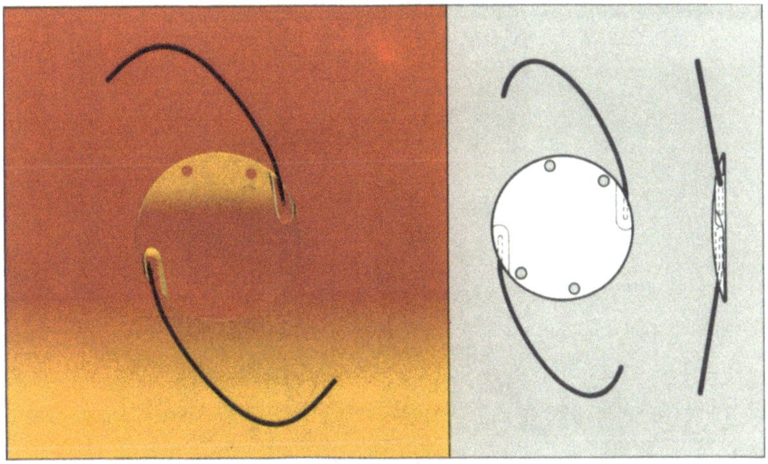

Abb. 5.49

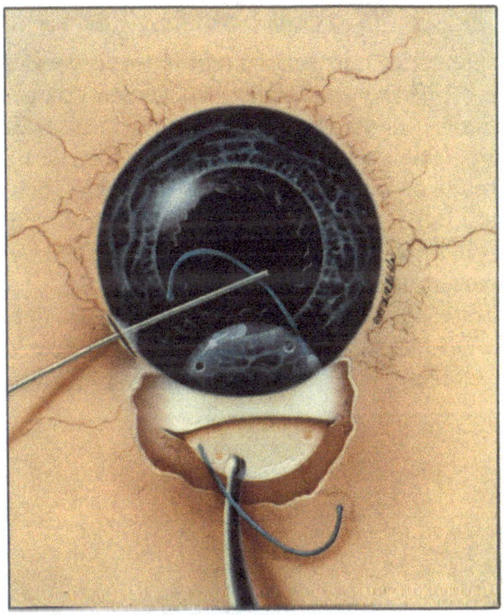

Abb. 5.50

Zunächst wird die untere Schlinge durch die corneosklerale Inzision vorgeschoben und der konvexe Teil des Bügels unter die Iris, jedoch vor den Rest der vorderen Kapsel in die Hinterkammer eingebracht. Die Hinterkammerlinse kann soweit vorgeschoben werden, daß die Optik deutlich in Richtung der Implantation dezentriert wird, da sich dadurch mehr Platz ergibt, um den oberen Bügel zu implantieren. Nach Entfernen der Implantationspinzette aus der Vorderkammer wird mit einer weiteren Pinzette der jetzt noch extraokular gelegene obere Bügel gefaßt. Er wird in Richtung des freien Bügelendes zur Optik hin verformt (Abb. 5.51), durch leichten Druck unter die obere Iris gebracht, so daß sich der gespannte obere Bügel ausstreckt und seinen Weg in den sulcus ciliaris findet.

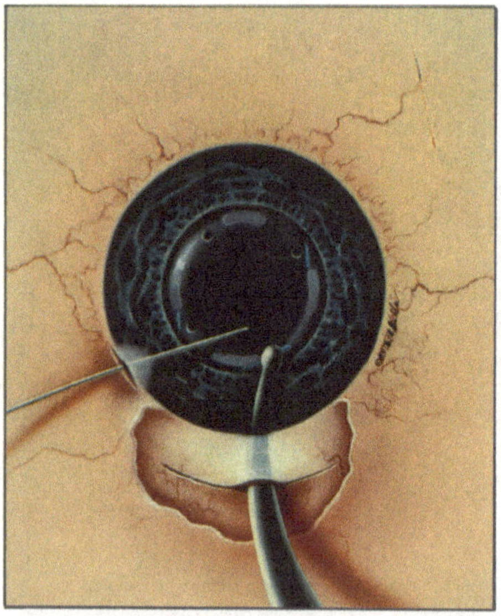

Abb. 5.51

Zur spannungsfreien Implantation des vorderen Bügels kann die Iris mit einem Mikro-Irishaken zurückgezogen werden, so daß die obere Schlinge leichter in den oberen Teil der Hinterkammer hineinrutschen kann. Der Irishaken wird dabei durch eine Öffnung bei ca. 2.00 Uhr in die Vorderkammer eingebracht.

Alternativ besteht ebenfalls die Möglichkeit, den Irishaken durch die große Implantationsöffnung in die Vorderkammer einzuführen, die Iris zurückzuziehen und die Linse wie bei dem oben dargestellten Verfahren in die Hinterkammer hineinzudrücken.

Die Linse soll nunmehr eine Lage haben wie in der unten stehenden Abbildung gezeigt (Abb. 5.52). Es muß darauf geachtet werden, daß die Linsenschlinge eindeutig vor der Vorderkammer zum sulcus ciliaris ruht.

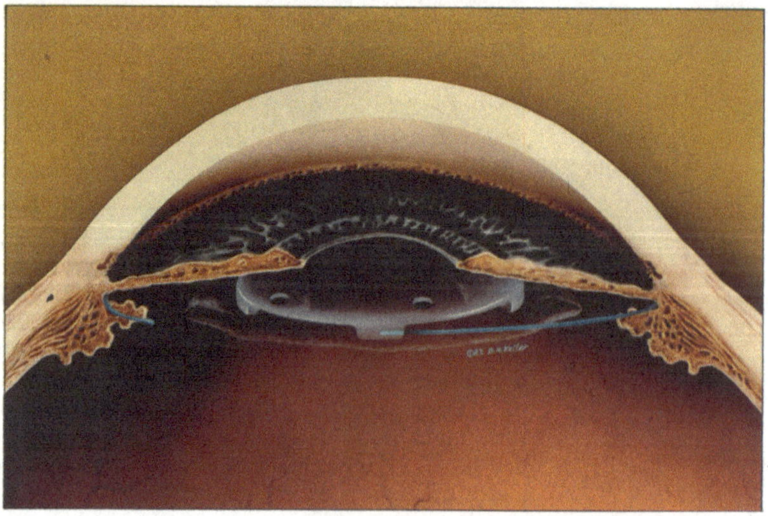

Abb. 5.52

5.7.2. Linsen vom Typ SIMCOE

Für die Implantation einer SIMCOE-Hinterkammerlinse (Abb. 5.53) ist aufgrund des weiteren Schlingenbogens mit seiner besseren Verformbarkeit eine einfachere Implantationsmöglichkeit gegeben.

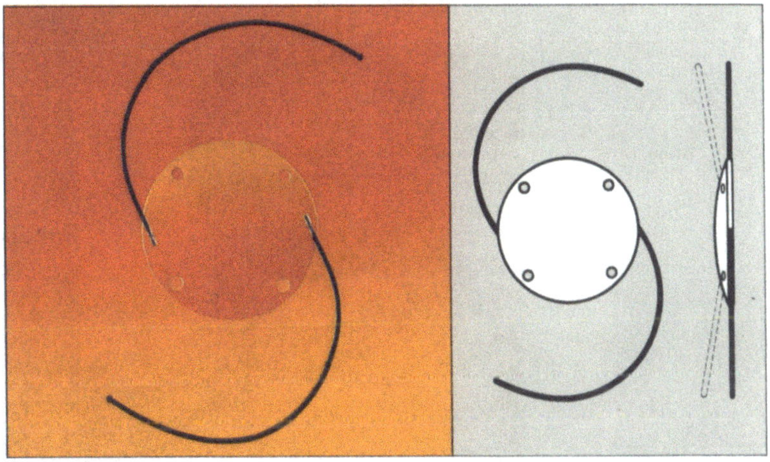

Abb. 5.53

Der untere Bügel wird mit einer Knüpfpinzette gefaßt, und seine Spitze in die Vorderkammer eingeführt. Dabei ist darauf zu achten, daß der offene Bügel sofort unter die Iris geschoben wird, sobald er den Irisrand erreicht hat, ohne daß die Optik bereits den corneoskleralen Schnitt passiert hat. Anschließend kann durch den extra-okular gelegenen Teil der Linse der gesamte Bügel subiridal gelegt werden, so daß nach Eintritt der Optik in die Vorderkammer der untere Bügel bereits vollständig in die Hinterkammer zu liegen kommt.

Nachdem die Optik der Linse komplett durch den Starschnitt eingetreten ist, reicht eine Positioniernadel aus (CLAYMAN-MCPHERSON), die Optik in den Pupillarbereich vorzuschieben (Abb. 5.54).

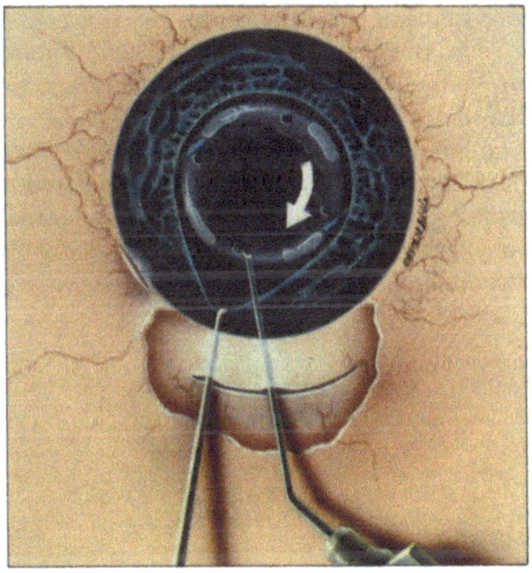

Abb. 5.54

Durch Fassen der Optik mittels Positioniernadel in den dafür vorgesehenen randständigen Löchern gelingt es, durch Drehung der Linse um die sagittale Achse den noch extraokular befindlichen zweiten oberen Bügel in Drehrichtung unter die Iris einzudrehen, ohne daß die Linse wesentlich dezentriert werden muß (Abb. 5.55).

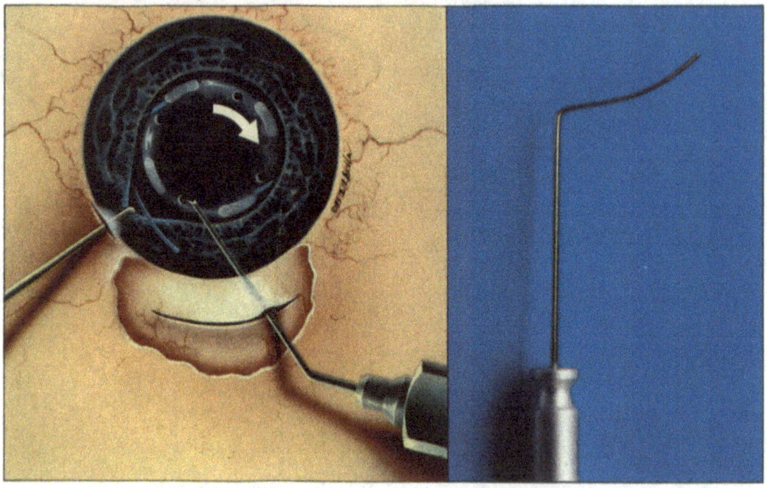

Abb. 5.55

LESTER-Haken

Dabei ist es wichtig, den Winkel zwischen Linse und Iris so flach wie möglich zu halten, so daß die Linsenschlinge mit Sicherheit ihre Position im sulcus ciliaris findet. Nachdem beide Bügel sich in der Hinterkammer befinden, wird die in der Vorderkammer befindliche Luft durch eine Acetylcholin-Lösung ausgetauscht, dabei ergibt sich neben der Pupillenverengung eine Vertiefung der Hinterkammer. So können eventuell vorhandene Spannungen der Haptik in der Hinterkammer ausgeglichen und eine Zentrierung der Optik erreicht werden.

Im Anschluß an die Implantation einer Hinterkammerlinse wird die corneosklerale Implantationsöffnung mit ein oder zwei Hornhautfäden 10-0 Nylon adaptiert. Die Bindehaut wird entsprechend ihrem Eröffnungsschema adaptiert. Zur Vermeidung intraokularer Infektionen werden im Anschluß an die Implantation der Hinterkammerlinse ca. 5 mg Gentamycin oder 50 mg Cephalosporin subkonjunktival im Bereich der Implantationsöffnung gegeben. Eine sehr gute Nahttechnik ergibt sich durch Verwendung einer Kreuzstichnaht. Vorteile dieser Naht sind durch den sich kreuzenden Fadenverlauf ein Ausgleich von Spannungen im Gewebe und der sehr sichere, wasserdichte Verschluß, wodurch sich postoperativ nur geringe Astigmatismen bilden können.

5.8. Die KELMAN Phakoemulsifikation (KPE)

5.8.1. Das HESLIN-MACKOOL-Phakoemulsifikationsgerät

Bevor im folgenden Kapitel das Prinzip der Operationstechnik bei der Phakoemulsifikation näher erläutert wird, folgt zunächst eine Übersicht über Leistungsmerkmale und Bedienung der für die Phakoemulsifikation verwendeten Maschinen. Als Beispiel dient das Gerät nach HESLIN und MACKOOL, das wohl derzeit das am weitesten differenzierte und sicherste Gerät ist.

Es besteht aus einem Tischgerät, das die Meß- und Regelelektronik, eine Rollerpumpe und elektromagnetisch betätigte Ventile enthält. Hieran angeschlossen ist ein Handgriff mit einem Ultraschalleinsatz, der über drei Flüssigkeitsleitungen mit dem Gerät verbunden ist. Die Bedienung erfolgt — neben der Einstellung der Parameter am Gerät — über ein Pedal mit 4 Stellungen. In der ersten Stellung (nach der 0-Stellung, in der sämtliche Leitungen geschlossen und der Ultraschallgenerator abgeschaltet sind) ist nur die Infusion geöffnet. Dabei wird von einer in variabler Höhe aufgehängten Infusionsflasche dem Handgriff sterile Kochsalzlösung durch eine Schlauchleitung zugeführt. Die Flüssigkeit läuft an der Phako-Spitze in den Ringspalt zwischen der inneren (Absaug und Phako-) Kanüle und der äußeren Kanüle zur Spitze des Tips. Weiterhin tritt sie aus zwei Öffnungen am unteren Abschnitt der äußeren Kanüle aus (Abb. 5.56).

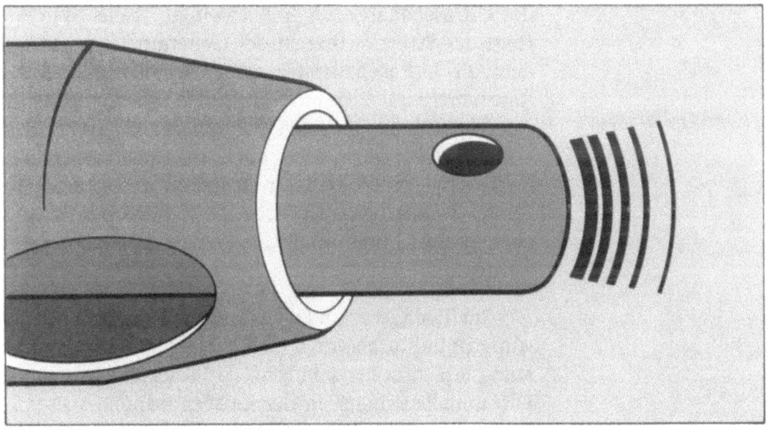

Abb. 5.56

An der Seite des Phakogerätes befinden sich übereinander drei Ventile, die über magnetisch betätigte Walzen die Silikonschläuche der Ab- und Zuleitungen zudrücken bzw. freigeben. In der Stellung 2 des Pedals (Infusion und Saugen) ist zusätzlich zur oben beschriebenen Spül-Funktion die Absaugung eingeschaltet. Diese erfolgt über eine Rollerpumpe. Das Ventil der Absaugleitung ist dabei ebenso geöffnet wie das Ventil der Infusionsleitung.

Im Gegensatz zu anderen bekannten Geräten wird bei dieser Maschine der Durchfluß geregelt. Bei den druckgeregelten Geräten wird der Druck in der Absaugleitung konstant gehalten. Bei Unterschreiten eines Grenzdrucks (z.B. durch Verstopfen der Absaugöffnung im Auge), wird ein Weg zur Außenluft freigegeben, durch den dann Luftbläschen in die Absaugleitung gesaugt werden. Beim HESLIN-MACKOOL-Gerät bleibt der Durchfluß durch die Absaugleitung gleich, indem die Drehzahl der Pumpe konstant gehalten wird.

Bei vollständigem Verschluß der Leitung schaltet die Pumpe sofort ab. Durch gleichzeitiges Betätigen eines »Reverse«-Pedals wird Flüssigkeit aus einem zweiten Vorratsbehälter in die Absaugöffnung geleitet. Diese wird dadurch freigespült. Der reguläre Betrieb wird anschließend durch Freigabe des Reverse-Pedals wieder aufgenommen.

Möglicherweise rutschen verstopfende Partikel bei ständig abnehmendem Druck plötzlich durch die Absaugöffnung hindurch. In diesem Fall öffnet sich sofort das Ventil, das normalerweise den Zufluß der Flüssigkeit des zweiten Vorratsbehälters verschließt. Über ein Kurzschlußstück wird die Flüssigkeit, die zur Aufrechterhaltung eines konstanten Volumenstromes erforderlich ist, kurzzeitig aus der zweiten Vorratsflasche abgesaugt. Die gefürchteten »Mini-Kollapse« der Vorderkammer werden so zuverlässig vermieden.

Der Ultraschallgenerator des HESLIN-MACKOOL-Systems erlaubt es, die von der Spitze des Ultraschalltips abgegebene Ultraschalleistung einzustellen. Diese Leistung wird durch einen »self-tuning« genannten Mechanismus konstant gehalten. Dieses self-tuning geschieht wie folgt: der elektrische Strom, den der Ultraschall-Generator aufnimmt, wird gemessen. Solange die Spitze des Ultraschallansatzes frei schwingt, ist das System in Resonanz und demzufolge der Stromverbrauch des Generators am geringsten. In dem Moment, in dem die Ultraschallspitze z.B. Linsenkernmaterial berührt, ändert sich die Resonanzfrequenz des schwingenden Systems. Das System ist »verstimmt«, und der Stromverbrauch steigt sofort an. Daraufhin stellt die Regelelektronik die Ultraschallfrequenz sofort nach, bis der Stromverbrauch wieder am geringsten ist. Das System ist wieder in Resonanz und arbeitet so optimal. Auf diese Weise besteht weder die Notwendigkeit, die Frequenz des Systems ständig von Hand nachzuregeln, noch muß der Handgriff durch ein Flüssigkeitssystem gekühlt werden.

Am Tischgerät sind verschiedene Parameter einzustellen. Die Ultraschalleistung ist in Stufen von 0 bis 1,0 regelbar. Als Grundregel gilt, daß die Schalleistung um so höher sein muß, je härter der Linsenkern ist. Üblicherweise sind Ultraschalleistungen in der Größenordnung von 0,3 bis 0,5 einzustellen. Zur Kontrolle ist auf dem Gerät eine Zeitmeßeinrichtung angebracht, die über die benötigte Ultraschallzeit bei der Phakoemulsifikation Auskunft gibt. Als zweiter Parameter ist die Absaugrate des Systems einzustellen, d.h. der Volumenstrom durch den Absaugschlauch. Empfohlene einzustellende Werte sind bei den vorangehend und auch später beschriebenen verschiedenen Operationstechniken angeführt. Grundsätzlich kann gesagt werden, daß während des Zerkleinerns und Absaugens des Kerns mit hohen Durchflußraten gearbeitet wird. Während der Säuberung der Kapsel von Rinde stellt man niedrige Durchflußraten ein, um eine Beschädigung durch unbeabsichtigtes plötzliches Ansaugen der Hinterkapsel zu vermeiden.

Der Durchfluß durch die Absaugleitung wird zusätzlich akustisch durch einen Ton variabler Frequenz angezeigt. Je niedriger der Druck im Absaugschlauch ist, d.h. je stärker die Ansaugöffnung verstopft oder behindert wird, desto höher wird die Frequenz. In dem Moment, in dem die Öffnung ganz verstopft ist und die Pumpe abschaltet, ertönt ein intermittierendes Geräusch. Diese Hintergrundgeräusche werden vom neuen Benutzer des Gerätes anfangs als störend empfunden, nach einiger Gewöhnungszeit jedoch wird er automatisch der Tonhöhe und der Schnelligkeit der Tonhöhenänderung den Betriebszustand des Gerätes entnehmen. Dadurch wird jeder Blick während der Operation auf die Einstellung des Gerätes unnötig.

Als zusätzliche Ausstattung für das Gerät ist ein sogenannter KEATES-Tip erhältlich. Es handelt sich hierbei um einen Saug-Spül-Ansatz, der mit einem Ultraschalleinsatz versehen ist. Hierdurch ist es möglich, bei Verstopfen während des Saugvorganges die Ansaugöffnung durch kurze Betätigung des Pedals mit einem »Ultraschallstoß« unmittelbar wieder freizumachen. Dies ist ein erheblicher Vorteil, da das Entfernen des Ansaugtips aus dem Auge zum Zwecke der Säuberung vermieden werden kann. Der KEATES-Tip eignet sich für mittelharte Linsen, die für eine Absaugung zu hart, aber für einen Phako-Einsatz zu weich sind.

Die Vorteile der Phakoemulsifikations-Methode ergeben sich primär aus der kleinen Öffnung der Vorderkammer, die für ein kontrollierbar geschlossenes System sorgt, insbesondere bei erhöhtem Augeninnendruck und im Falle einer choridoialen Blutung, die in der Regel jedoch selten ist. Es ist jedoch zu bedenken, daß der Erfolg oder Mißerfolg einer derartigen Operation von einer Reihe kleinster Schritte abhängt; auch geringste Kleinigkeiten müssen beachtet werden, da kleinste Fehler oft zu großen Auswirkungen führen. Es ist daher nur verständlich, daß es auch bei dieser Methode unzählige Varianten gibt, die auf rein persönlichen Erfahrungen und persönlichen Handfertigkeiten des einzelnen Chirurgen beruhen.

5.8.2. Phakoemulsifikation (KPE)

Die Phakoemulsifikation nach KELMAN stellt im Gegensatz zur intrakapsulären (ICCE) und extrakapsulären Kataraktextraktion (ECCE) eine völlig neuartige Methode der Operation des grauen Stars dar, die davon ausgeht, die Linse bzw. den Linsenkern nicht als Ganzes zu extrahieren, sondern den Linsenkern innerhalb des Auges nach Zertrümmerung abzusaugen. Die Zertrümmerung des Linsenkerns erfolgt durch Ultraschallwellen, die von der Spitze des Phakoemulsifikationstips ausstrahlen. Die Ultraschallwellen gehen bei der Phakoemulsifikation hauptsächlich in Richtung der Längsachse des Ultraschallansatzes. Die Ultraschallenergie des schwingenden Phakoemulsifikationsansatzes wird bei Kontakt mit dem Linsenkern dazu benutzt, die molekularen Bindungskräfte im Kernmaterial zu überwinden und diesen in kleine Einzelstücke aufzulösen. Die Absorption der Ultraschall-Energie erfolgt im Linsenkern.

Man bezeichnet das als Konfiguration. Dies ist der Grund dafür, daß Ultraschallenergie überhaupt im Auge verwendet werden kann, ohne Schaden anzurichten. Die ersten Phakoemulsifikationen sind bereits Ende der sechziger Jahre ausgeführt worden, zunächst fast ausschließlich in der Hinterkammer, später dann auch in der Vorderkammer. Heute wird die KPE nach verbesserter Operationstechnik fast ausschließlich in der Hinterkammer ausgeführt, und zwar bimanuell. Wegen der weiten Verbreitung wird im folgenden auch ausschließlich die beidhändige Phakoemulsifikation des Kerns in der Hinterkammer beschrieben.

Die Stabilisierung des Bulbus kann mit Hilfe der Zügelnaht durch den Ansatz des musculus rectus superior erfolgen, ist jedoch nicht zwingend notwendig. Die für die bimanuelle Methode erforderliche Öffnung für den zu verwendenden Spatel legt man am besten direkt an den Limbus bei 2.00 Uhr, ohne die Bindehaut zu eröffnen. Die Parazentese erfolgt schonend mit einem feinen Diszissionsmesser oder einem zweischneidigen Sklerotom; die Eröffnung sollte nur wenig größer sein als für die Spatelbreite notwendig ist.

Die Eröffnung der Bindehaut erfolgt bei 10.00 Uhr mit einem senkrecht zum Limbus stehenden Schnitt mit einer Bindehautschere. Von 10.00 Uhr ab wird anschließend die Bindehaut mit der Schere am Limbus abgetrennt, und zwar über 12.00 Uhr hinaus, so daß ein triangelförmiges Bindehautstück entsteht, das sich zurückschlagen läßt. Die darunterliegende Sklera wird von anhaftendem Bindegewebe befreit. Ca. 2 mm hinter dem Limbus im Sklerabereich wird anschließend mit der Rasierklinge ein 7 mm langer limbusparalleler Skleraschnitt ausgeführt, der ca. 2/3 der Skleradicke erfaßt und der der späteren Eröffnung zur Linsenimplantation dienen soll. Die Eröffnung der Vorderkammer erfolgt punktförmig bei 11.00 Uhr mit der Rasierklinge von der Tiefe der angelegten Inzision und in etwa parallel zur Irisvorderfläche, so daß der Beginn eines Zweistufenschnittes angelegt ist. Dieses Verfahren ist bereits ausführlich im vorstehenden Kapitel beschrieben worden.

Durch die bisher nur punktförmig angelegte Öffnung der Vorderkammer wird die abgewinkelte Kanüle, die auf die Infusionshalterung aufgesetzt wurde, in die Vorderkammer eingeführt und an dem entferntesten Punkt des Pupillarrandes bei ca. 5.00 Uhr mit ihrer scharfen Kanülenspitze aufgesetzt und die vordere Linsenkapsel, wie bereits beschrieben, eröffnet. Von hier aus erfolgt die Diszission der vorderen Kapsel mit kleinen Inzisionen zunächst temporal bis direkt unter die Eintrittsstelle am Pupillarrand, anschließend nasal, so daß sich die diszidierte vordere Kapsel von selbst abhebt und in der Vorderkammer frei flottiert. Daraufhin wird die Inzisionskanüle aus der Vorderkammer entfernt.

Die für den Eintritt des Phakoemulsifikationsansatzes notwendige Öffnungsweite läßt sich mit der Phakolanze erreichen, die eine definierte Breite von ca. 2,8 mm aufweist. Die Eröffnung der Vorderkammer erfolgt bei 11.00 Uhr in dem Bereich, von dem aus die Diszision mit der Kanüle vorgenommen wurde. Das Einführen des Phakoemulsifikationsteiles in die Vorderkammer durch die geschaffene Parazentese erfolgt durch Anheben der oberen Wundlefze mit der Kolibri-Pinzette, so daß die geschaffene Öffnung sich darstellt. Sollte beim Einführen des Phakoemulsifikationsansatzes periphere Iris vor der

Saugöffnung liegen, kann durch die Reverse-Schaltung des HESLIN/MAKKOOL-Gerätes die einströmende Flüssigkeit die Iris fernhalten, so daß die periphere Iris geschont wird. Ist der Ansatz soweit vorgeschoben, daß seine Infusionslöcher in der Vorderkammer liegen, läßt sich durch Geräteeinstellung auf »Infusion« Flüssigkeit in die Vorderkammer geben, welche sich dadurch vertieft. Nun kann der Phakoemulsifikationsansatz ungehindert in die Vorderkammer gelangen, ohne Endothel oder Linse zu berühren. Das Einführen in die Vorderkammer wird am besten so vorgenommen, daß die abgeschrägte Vorderseite des Saug-Spül-Ansatzes nach unten zeigt, damit drückt sie vor dem Ansatz befindliches Irisgewebe automatisch unter den Ansatz. Sobald der Ansatz jedoch frei in der Vorderkammer liegt, ist die abgeschrägte Seite des Phakoemulsifikationsansatzes so zu drehen, daß diese nach oben zeigt.

Nach Einführen des Ansatzes in die Vorderkammer werden durch Betätigung des Fußpedals auf »Saugen und Spülen« alle sich im Flüssigkeitsstrom befindlichen Teile aus der Vorderkammer abgesaugt. Die Vorderkammer steht während dieses Vorganges. Ihre Tiefe ist dabei abhängig von der Höhe der Infusionsflasche bzw. vom Absaugvolumen, das auf dem Gerät elektronisch angezeigt wird. Grundsätzlich soll nur eine solche Höhe der Infusionsflasche gewählt werden, daß die Vorderkammer gerade noch steht.

Nunmehr wird die Spitze des angeschrägten Phakoansatzes bei 11.00 Uhr vor dem Pupillarrand auf die Linse aufgesetzt, das Fußpedal auf Stufe 4 gebracht, so daß neben Saugen und Spülen auch der Ultraschall einsetzt. Von jetzt ab werden löffelnde Bewegungen von 11.00 Uhr in Richtung 5.00 Uhr ausgeführt, so daß sich grabenartige Vertiefungen zunächst in der vorderen Rinde, dann in Richtung Linsenkern ergeben (Abb. 5.57). Entsprechend dem Schrägwinkel des Phakoemulsifikationsansatzes spricht man von einem 15° -, 30° - bzw. 45°-Tip. Die Erfahrung hat gezeigt, daß sich mit dem 45°-Tip am sichersten arbeiten läßt. Das liegt unter anderem daran, daß sich die Phakoemulsifikation von der punktuellen Auflagefläche dieses Tips besser steuern läßt und daß eine bessere Übersicht über den Fortgang der Linsenzertrümmerung gegeben ist.

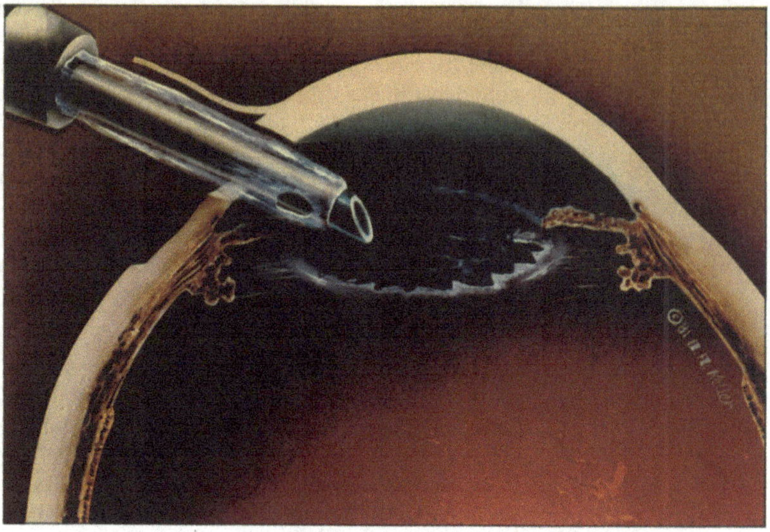

Abb. 5.57

Instrumente:
HESLIN-MACKOOL-Phakosystem mit 45°-Tip
Einstellung:
weiche Linse: Ultraschall 0,6, Absaugrate 8 (-10), Soggrenze - 50
harte Linse: wie oben, Absaugrate 10 (- 12)

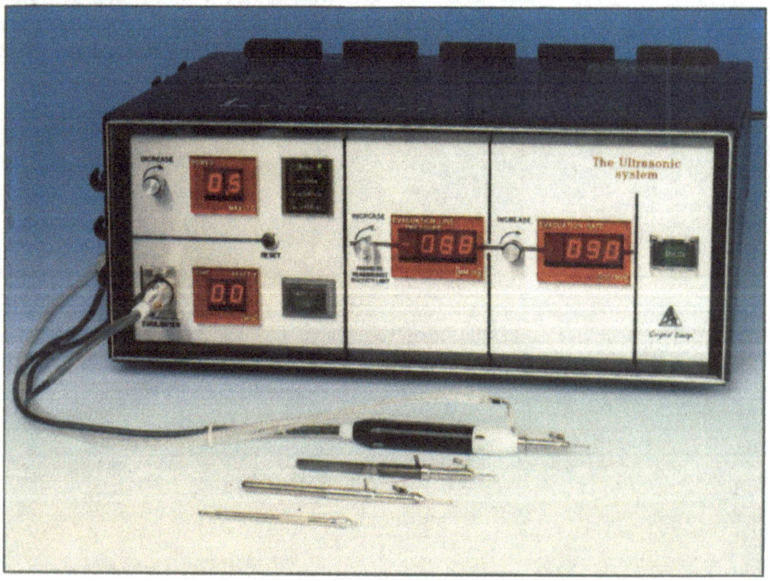

Es ist darauf zu achten, daß Ultraschallenergie nur dann freigegeben wird, wenn die Ultraschallspitze in Kontakt mit Linsengewebe ist; beim Zurückziehen des Ansatzes wird das Fußpedal auf Stellung 2 zurückgenommen. Durch die Phakoemulsifikation lassen sich alle harten Kernanteile in der Hinterkammer zertrümmern und absaugen. Dieser Vorgang kann solange fortgeführt werden, bis durch das verbliebene Linsengewebe bereits Fundusrot erscheint; jetzt sind die daruntergelegenen Anteile so dünn, daß eine weitere Phakoemulsifikation die Gefahr eines Durchstoßens der Rindenanteile und der hinteren Kapsel mit sich brächte.

Um den verbliebenen Linsenteil aus seiner natürlichen Lage in eine phakoemulsifikations-gerechte Position zu bringen, wird mit der Spitze des Phakoansatzes (oder mit einem zusätzlich eingeführten Spatel) an der tiefsten Stelle der Grube nach hinten und unten gedrückt. Dadurch erscheint der obere Kernäquator automatisch am Pupillarrand und kann hier mit dem Spatel etwas angehoben werden, so daß er nicht wieder absinken kann (Abb. 5.58, 5.59 und 5.60).

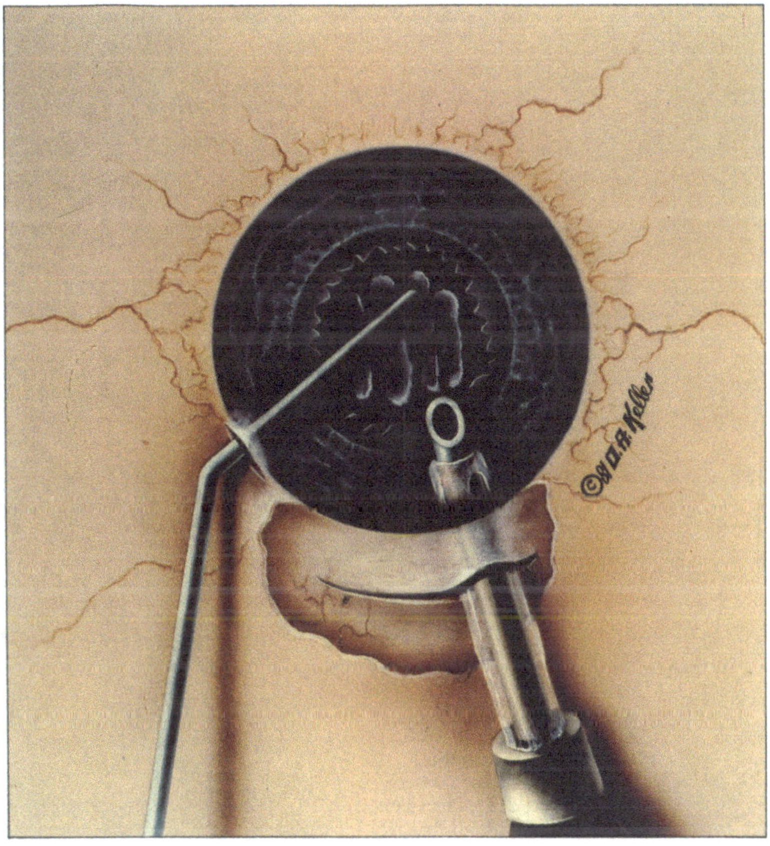

Abb. 5.58

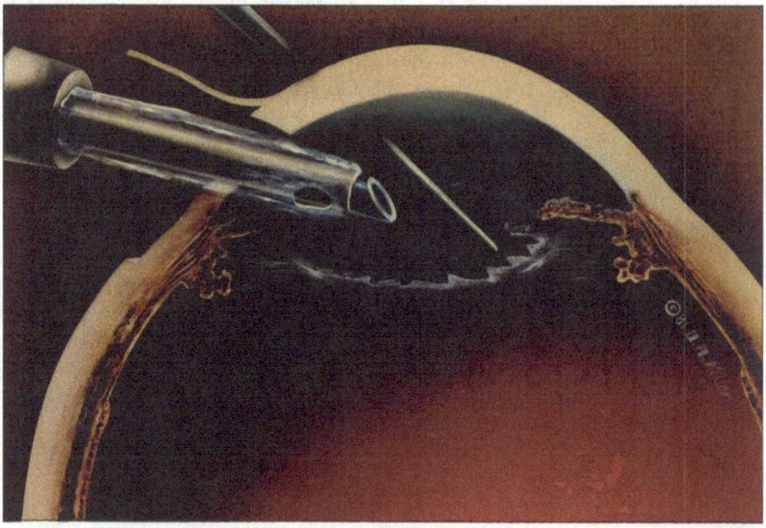

Abb. 5.59

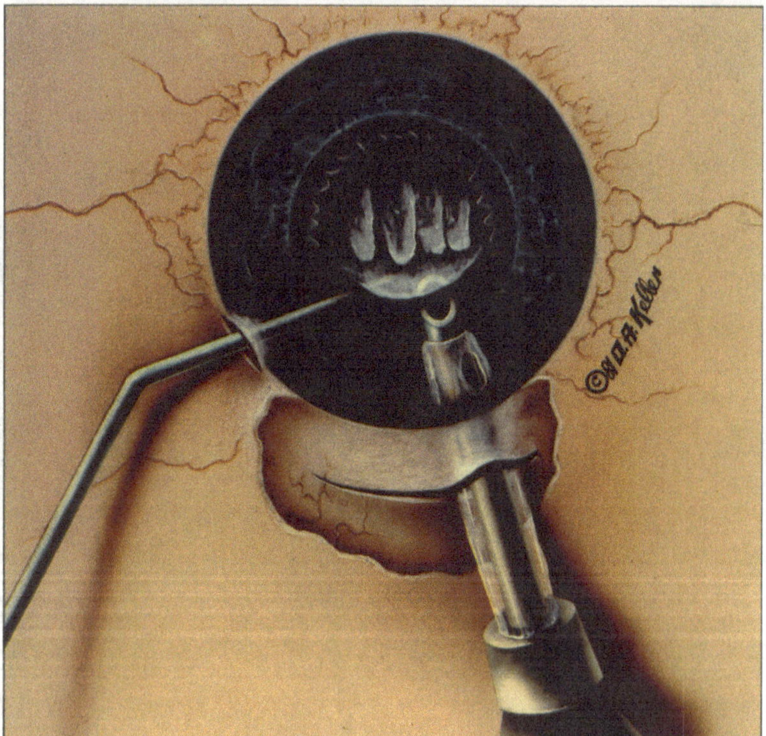

Abb. 5.60

Instrumente:
Linsenexpressor
oder Mikrospatel,
HERSCHMANN Linsenspatel

Von jetzt ab erfolgt die Phakoemulsifikation des Kerns bimanuell in der Weise, daß der Kern weiter am Zurücksinken gehindert wird, während der etwas zurückgezogene Ultraschalltip den Kern von 11.00 Uhr am Äquator zu zertrümmern beginnt (Abb. 5.61).

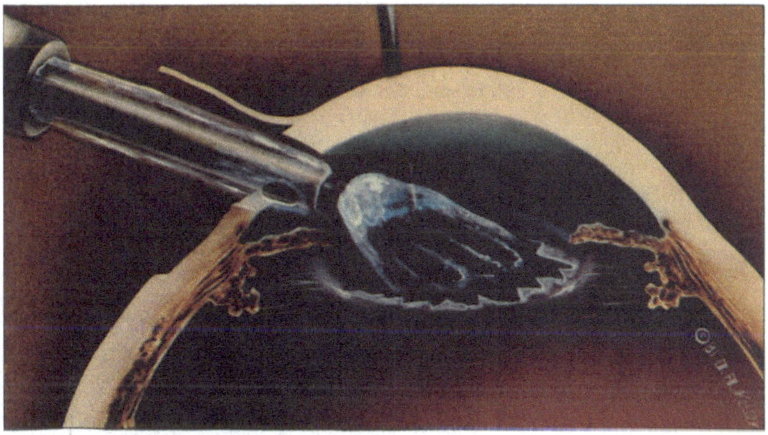

Abb. 5.61

Da sich der Phakoemulsifikationsansatz jetzt sehr nahe am Endothel befindet, ist darauf zu achten, daß nur bei Berührung der Spitze mit der Kernmasse auf die Pedalstufe 4 geschaltet wird, da die Nähe des Ultraschallansatzes zum cornealen Endothel Schäden für das einschichtige Endothel mit sich brächte. Es hat sich bewährt, die Phakoemulsifikation im Pupillarbereich fortzusetzen. Die Phakoemulsifikation des Linsenrestes erfolgt dadurch, daß die Spitze des Ultraschalltips unter den Kernrand geschoben und die Prozedur so fortgeführt wird. Dabei fließt Spülflüssigkeit zwischen Linsenkern und Rinde und löst so den Kern vollständig aus seiner natürlichen Lage (Abb. 5.62).

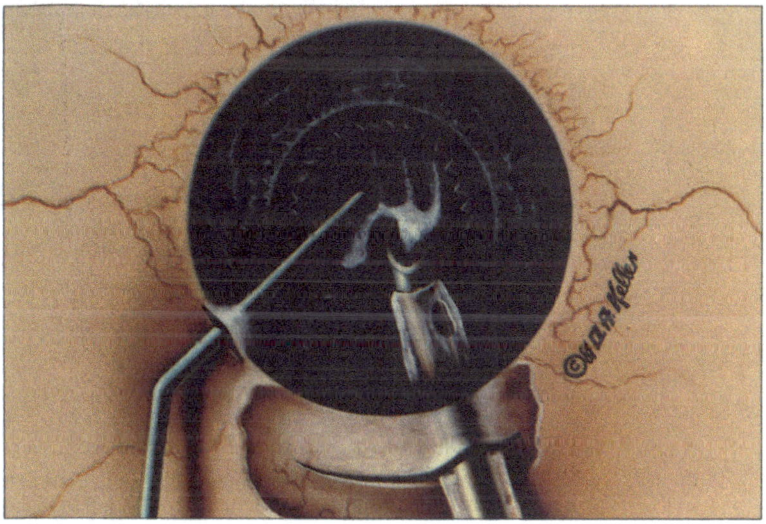

Abb. 5.62

Einstellung:
Ultraschall 0,6, Absaugrate 8, Sog - 175

Der Spatel dient jetzt vorwiegend dazu, verbliebene Kernreste der Ultraschallspitze zuzuführen. In diesem Stadium der Phakoemulsifikation ist darauf zu achten, daß eine Berührung zwischen Spatel und der schwingenden Ultraschallspitze unterbleibt, da es dabei zu Absplitterungen von Metallteilen kommen kann. Weiterhin ist darauf zu achten, daß Kernreste durch den Spülvorgang nicht an die Hornhautrückfläche geschleudert werden, da es hierdurch zu Schädigungen von Endothelzellen kommen kann. Ziel des gesamten Vorgehens soll es sein, den verbleibenden Linsenkern als Einzelstück zu phakoemulsifizieren, ohne daß er in mehrere Stücke zerbricht. Eine schwierige, aber wirkungsvolle Variante besteht darin, die Spitze des Ultraschallansatzes tangential an den Linsenäquator anzusetzen und durch kombinierte Ultralschall/Saugwirkung den Kern spiralförmig zu emulsifizieren und abzusaugen (Abb. 5.63 und 5.64).

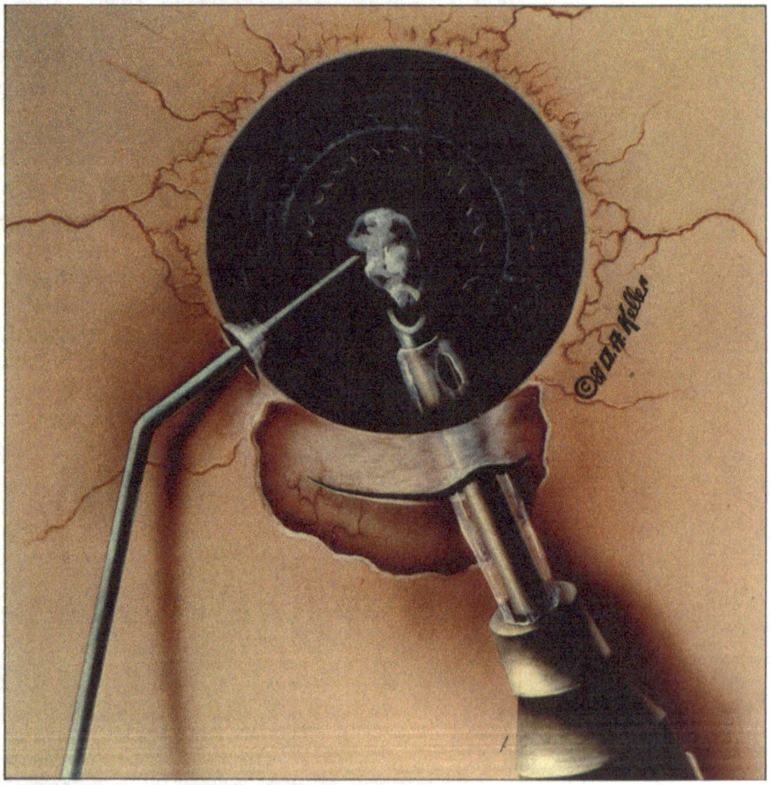

Abb. 5.63

Einstellung:
Ultraschall 0,6, Absaugrate 16, Soggrenze - 50

Nach den vorangegangenen Erläuterungen ist klar geworden, daß die Ultraschallenergie immer nur dann eingeschaltet sein darf, wenn sich zu zertrümmerndes Linsengewebe direkt vor der Ultraschallspitze befindet, um die Gesamtdauer der Sonifikation so gering wie möglich zu halten.

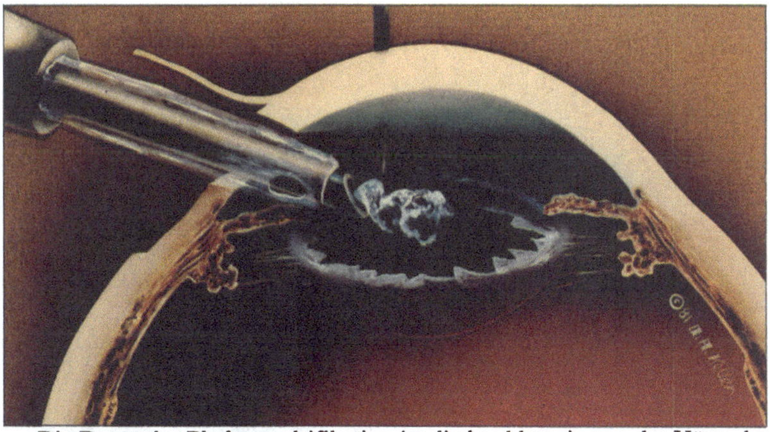

Abb. 5.64

Die Dauer der Phakoemulsifikation ist direkt abhängig von der Härte des Kerns; liegt ein sehr harter Kern vor, kann die Ultraschalleistung vorübergehend angehoben werden. Es muß angestrebt werden, jede Phakoemulsifikation unter 2 Minuten Dauer zu halten.

Nach Beendigung der Phakoemulsifikation wird der Saug-Spül-Ansatz durch die bereits vorhandene Öffnung in die Vorderkammer eingeführt, um die hinter der Iris auf der hinteren Kapsel befindlichen Rindenanteile abzusaugen. Günstigerweise geht man dabei so vor, daß die Absaugöffnung stets unter Sichtkontrolle den Rindenmassen zugeführt wird. Dadurch lassen sich bei einem Sog von 200 bis 300 mm Hg alle Rindenanteile entfernen (Abb. 5.65, 5.66 und 5.67).

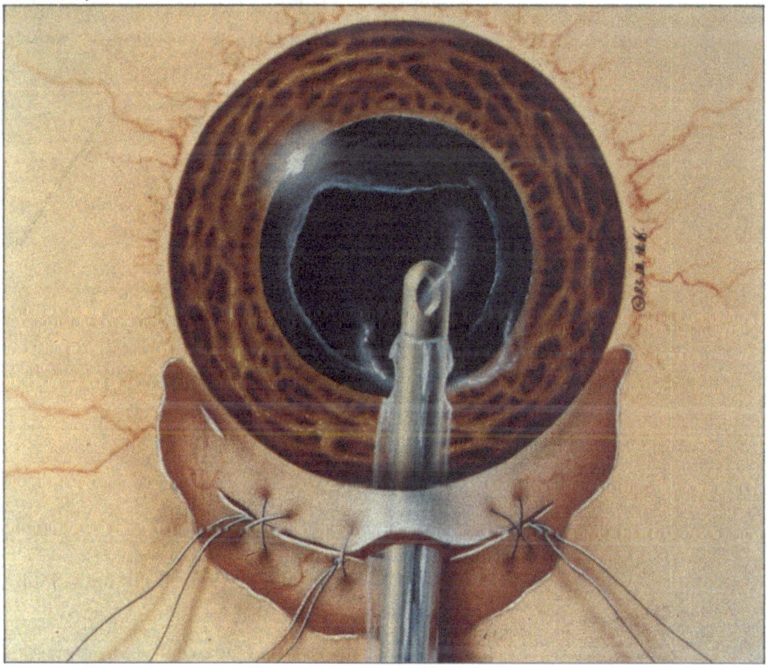

Abb. 5.65

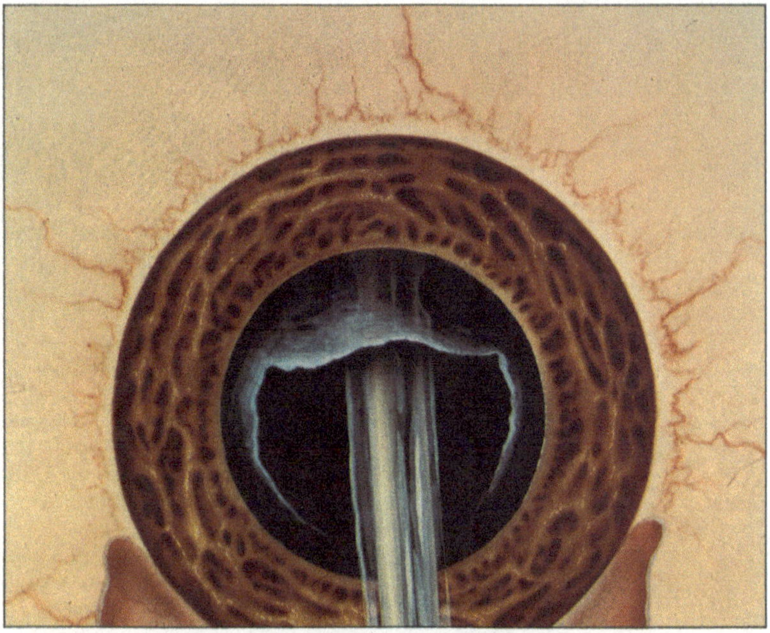

Abb. 5.66

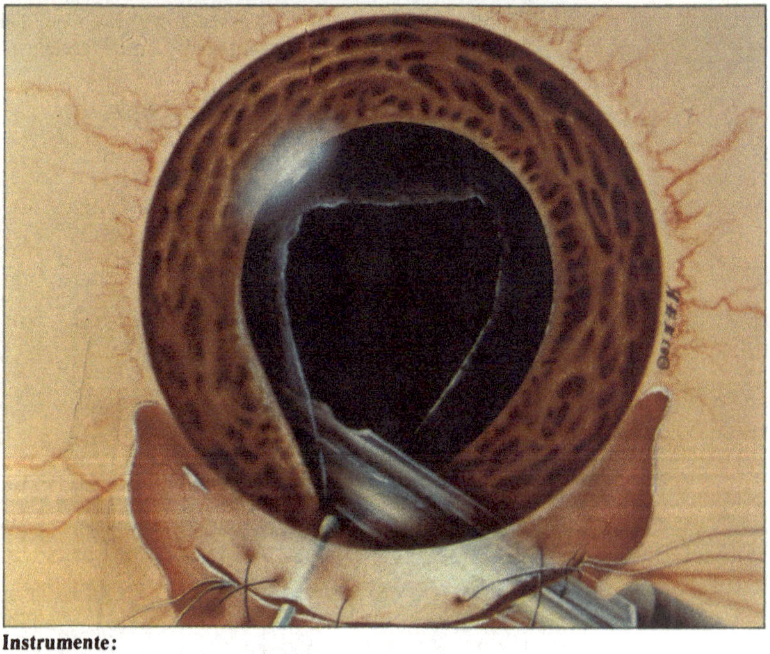

Abb. 5.67

Instrumente:
HESLIN-MACKOOL-Saug-Spül-System mit Saug-Spül-Ansatz
oder KEATES-Tip (Ultraschall)
Einstellung:
KEATES-Ultraschall-Ansatz; Ultraschall 0,3, Absaugrate 6, Soggrenze - 350 (- 450)

Sollten die Rindenmassen härter sein als üblich und sich nicht absaugen lassen, kann die Sogleistung erhöht werden; unter Umständen kann das Saug-Spül-Ansatzstück mit Ultraschalleistung Verwendung finden (KEATES-Tip). Es ist streng darauf zu achten, daß keine Kapselanteile, auch nicht der vorderen Kapsel, in die Saugöffnung gelangen, da dann die Gefahr eines Zerreißens der Kapsel besteht. Befindet sich jedoch einmal ein Kapselstück fest in der Öffnung des Saug-Spül-Ansatzes, kann mit Betätigung der Reverse-Taste dieser eingeklemmte Kapselteil durch Stromumkehr der Infusionsflüssigkeit aus der Öffnung gespült werden. Nach Entfernung sämtlicher Rindenanteile lassen sich die feinen Reste auf der hinteren Kapsel durch einfaches Absaugen entfernen. Dabei darf jedoch der Sogdruck nur so gering sein wie möglich, also etwa 50 mm Hg sein (Abb. 5.68).

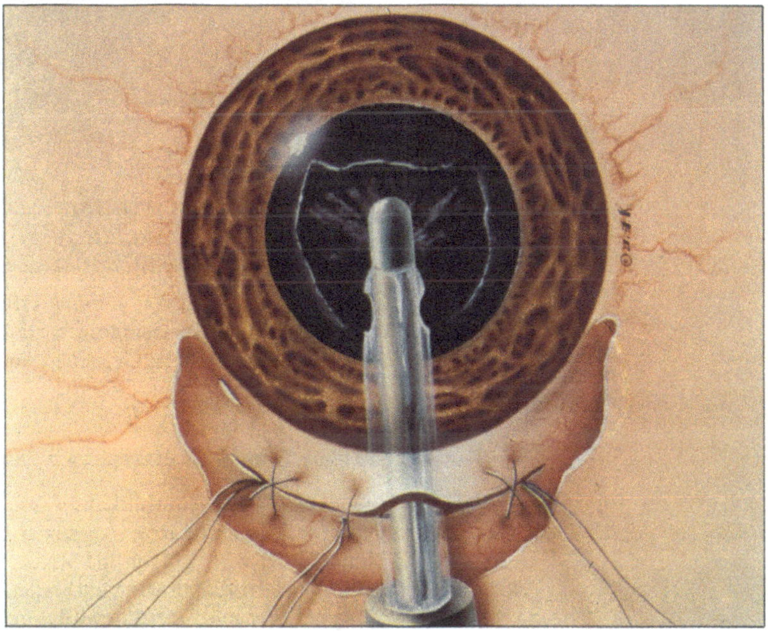

Abb. 5.68

Instrument:
Irishaken

Bei dieser geringen Sogleistung ist ein Einreißen der hinteren Kapsel nicht zu befürchten; spannt sich die hintere Kapsel dennoch einmal in die Saugöffnung ein, kann sie durch Umkehr des Flüssigkeitsstroms wieder befreit werden. Ein Einreißen der hinteren Kapsel bei diesem Vorgang wird niemals durch die Sogwirkung bewirkt, sondern höchstens dadurch, daß ein eingeklemmter Kapselanteil durch Bewegung des Saug-Spül-Ansatzes rupturiert.

Nach Entfernen des Saug-Spül-Ansatzes aus der Vorderkammer kann eine Iridektomie im Bereich der corneoskleralen Inzision erfolgen; sie ist jedoch nicht notwendig. Sofern keine Hinterkammerlinse implantiert wird, erfolgt der Verschluß der corneoskleralen Inzision mit einer fortlaufenden Kreuzstichnaht; dabei ist die Stichhöhe innerhalb der Sklera so zu wählen, daß die Formation des Zweistufenschnittes rekonstruiert wird (Abb. 5.69).

Abb. 5.69

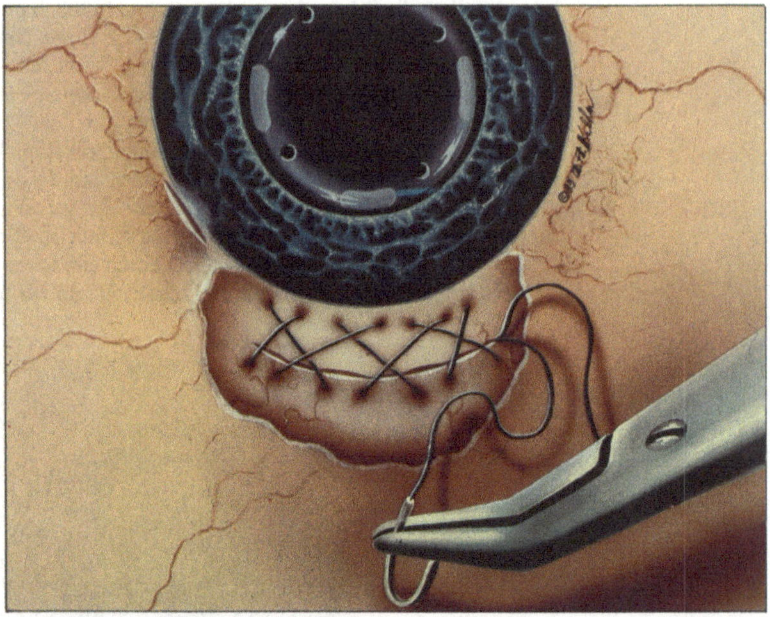

Die Adaptation der Bindehaut am Limbus erfolgt durch resorbierbares Material. Subkonjunktival können Gentamycin und Decortin solubile appliziert werden. Die Weitstellung der Pupille erfolgt durch Scopolamin.

5.9. Implantation einer Hinterkammerlinse nach Phakoemulsifikation

Nach Vollendung der Phakoemulsifikation und vollständigem Absaugen aller Rindenanteile sowie Polieren bzw. Absaugen aller verbliebenen Linsenreste von der Hinterkapsel wird Luft in die Vorderkammer gegeben, so daß sich diese vertieft und das Irisdiaphragma ausbreitet.

Die Erweiterung der cornealen Inzision wird durch den Durchmesser des zu implantierenden optischen Teils einer Hinterkammerlinse bestimmt. Die heute am häufigsten verwendeten Hinterkammerlinsen weisen einen Durchmesser von 6 mm auf; das bedeutet, daß die corneale Inzision ca. 7 mm betragen muß. Zu diesem Zweck wird nach Markieren durch einen Meßzirkel mit Methylen blau die bereits vorhandene 3-mm-Öffnung mit einer TROUTMAN-Schere erweitert.

Die Implantation einer Hinterkammerlinse folgt den Vorschlägen, die unter (5.6.) erwähnt wurden. Nach Entfernung der Luft aus der Vorderkammer mit dem Saug-Spül-Ansatz wird durch die Parazenthese bei 2.00 Uhr Acetylcholin als Ersatz gegeben. Dadurch stellt sich die Vorderkammer normal tief, auch die Hinterkammer mit der darin befindlichen Sulcus-fixierten Hinterkammerlinse stellt sich. Auf diese Weise lassen sich auch Verhakungen der Bügel in der Hinterkammer sowie Spannungen innerhalb der hinteren Kapsel ausgleichen. Die Pupille wird durch die Gabe von Acetylcholin für kurze Zeit eng gestellt, und die implantierte Linse nimmt die endgültige Position ein.

Die corneosklerale Inzision kann durch Einzelnähte, eine fortlaufende Naht oder auch durch eine Kreuzstichnaht erfolgen. Durch die vorgegebene Zweistufenformation läßt sich eine höhengerechte Adaptation erreichen; die Spannung der Kreuzstichnaht ist nur mäßig, um der Bildung eines übermäßigen postoperativen Astigmatismus auszuweichen. Die Adaptation der Bindehaut am Limbus erfolgt mit einer resorbierbaren Naht.

Subkonjunktival wird im Bereich der Bindehautöffnung Gentamycin gespritzt, bei 6.00 Uhr ein wasserlösliches Cortisonpräparat. Die Operation der Phakoemulsifikation mit der Implantation einer Hinterkammerlinse wird durch Applikation von Cortison-Salbe beendet. Für die ersten 24 Stunden wird eine Kompresse gegeben.

Literatur

1) Azar, R.: »Secondary Implantation of Intraocular Lenses«, Ann. Ophthal. 10, 658 (1978)

2) Choyce, D.: »Complications of the AC Implants of the Early 1950's and the UGH or Ellingson Syndrome of the Late 1970's.« J. Am. Intraocular Implant Soc. 74, 22 (1977)

3) Clayman, H., Jaffe, N.: »Intraocular Lens Implantation«, The CV Mosby Company, St. Louis, 1983

4) Emery, J., McIntyre, D.: »Extracapsular Cataract Surgery«, The CV Mosby Company, St. Louis, 1983

5) Gass, J., Norton, E.: »Cystoid Macula Edema and Papilledema following Cataract Extraction«, Arch. Ophthal. 76, 646 (1966)

6) Girard, L.: »Ultrasonic Fragmentation for Intraocular Surgery«, The CV Mosby Company, St. Louis, 1979

7) Kelman, C.: »Phacoemulsification and Aspiration. A New Technique for Cataract Removal. A Preliminary Report«, Am. J. Ophthalmol. 64, 23 (1967)

8) Kraff, M.: »300 Primary Anterior Chamber Lens Implantations; Gonioscopic Findings and Specular Microsurgery«, J. Am. Intraocular Implant Soc. 5, 207 (1979)

9) Kratz, R., Mazocco, T., Davidson, B., Colvard, D.: »A Comparable Analysis of Anterior Chamber, Iris Supported, Capsule Fixation and Posterior Chamber Intraocular Lenses following Cataract Extraction by Phacoemulsification«, Am. J. Ophthalm. 7, 55 (1981)

10) Kratz, R.: »Surgical Techniques for Placement of Intraocular Lenses«, Int. Ophthal. Clin. (USA) 18, 171 (1978)

11) McPherson, A., O'Malley, R., Bravo, J.: »Retinal Detachment following late Posterior Capsulotomy«, Am. J. Ophthal. 95, 593 (1983)

12) Ohrloff, C., Dardenne, K., Konen, C., Sherif, A.: »Erfahrungen mit den ersten 1.400 Hinterkammerlinsen-Implantationen nach Phakoemulsifikation«, Klin. Mbl. Augenheilk. 181, 253 (1982)

13) Pearce, J.: »Current State of Posterior Chamber IOLs after ICCE and ECCE«, Trans Ophthal. Soc. UK 101, 73 (1981)

14) Rosen, E., Haining, W., Arnott, E.: »Intraocular Lens Implantation«, The CV Mosby Company, St. Louis, 1984

15) Shammas, H., Milkie, C.: »The Choyce Mark IX Anterior Chamber Lens for Primary and Secondary Lens Implantation«, Contact Intraoc. Lens. Med. J. 6, 413 (1980)

16) Shearing, S.: »A Practical Posterior Chamber Lens«, Contact Lens 4, 114 (1978)

17) Simcoe, C.: »Simcoe Posterior Chamber Lenses. Theory, Techniques and Results«, J. Am. Intraocular Implant Soc. 7, 154 (1981)

6. Kontraindikationen

Der Erfolg einer intraokularen Linsenimplantation hängt entscheidend davon ab, daß Kontraindikationen eingehalten werden. Die Angabe dieser Kontraindikationen ist möglicherweise nicht für alle Zeiten als bindend anzusehen, sondern kann durch die fortschreitende Entwicklung neuer Techniken modifiziert werden. Man kann davon ausgehen, daß auch eine fortschreitende Erfahrung jedes einzelnen Mikrochirurgen die genannten Kontraindikationen als relativ erscheinen läßt. Andererseits sollte der in der Linsenimplantationstechnik wenig erfahrene Operateur z. B. keine »Letzten-Augen« behandeln. Spezielle Kontraindikationen ergeben sich auch aus der Wahl des intraokulären Implantats.

Für Vorderkammerlinsen gilt als eine relative Kontraindikation, die präoperativ zu stellen ist, ein dekompensiertes Hornhautendothel mit Zunahme der Hornhautdicke. Glaukomaugen, deren intraokularer Druck sich nur nach einem operativen Eingriff wie Goniotomie, Zyklodialyse oder durch fistulierende Operationen regulieren ließ, sind für eine Vorderkammerlinsen-Implantation als nicht geeignet anzusehen, da durch die Abstützung der Vorderkammerlinsen-Füßchen im Kammerwinkel eine nachfolgende Vernarbung im Bereich des Trabekelwerks nicht ausgeschlossen werden kann. Andere Erkrankungen wie das POSNER-SCHLOSSMANN oder die Heterochromiecyclitis, bei denen ein Teil der Patienten zusätzlich eine Katarakt aufweist, sind für die Implantation einer Vorderkammerlinse ebenfalls als Kontraindikation zu betrachten. Augen mit Veränderungen wie Rubeosis iridis oder progressiver Irisatrophie sind von der Implantation einer Vorderkammerlinse gleichfalls ausgeschlossen. Liegen Substanz-Defekte der Iris vor, wie Kolobome oder Sektor-Iridektomien, so sind iridoplastische Verfahren angezeigt, sofern eine Vorderkammerlinse implantiert werden soll.

Auch für die Implantation einer Hinterkammerlinse lassen sich spezifische Kontraindikationen aufstellen, die nur für diesen Linsentyp gelten. Eine Lentodonesis oder eine subluxierte Linse läßt sich auch bei geübten Chirurgen nicht immer so operieren, daß die hintere Kapsel am Ort bleibt und damit die Voraussetzung für die Implantation einer Hinterkammerlinse bietet. So gehören zu dieser Gruppe u. a. das MARFAN-Syndrom, das MARCHESANI-Syndrom, die traumatisch subluxierte Linse und Patienten mit Linsensubluxation bei Homocystinurie und Hyperlysinämie.

Als bis heute allgemein anerkannte Kontraindikationen für intraokulare Linsen gelten:

1. Alter: bei Patienten unter 30 Jahren, insbesondere bei Kindern mit noch nicht entwickeltem Bulbus und entzündlichen Veränderungen (Rubeolen-Infektion) sowie Mißbildungen des Auges. Die Altersgrenze zur intraokularen Linsenimplantation wird von den einzelnen Operateuren sehr unterschiedlich beurteilt. So ergeben sich nach der Ansicht einiger Autoren auch bei Kindern Indikationen für intraokulare Linsen.

2. Uveitis, auch bei Rubeosis iridis, da jede intraokulare Linse insbesondere in den ersten postoperativen Monaten als Fremdkörper diesen Prozeß verstärken bzw. unterhalten kann.

3. Proliferierende Retinopathien jeder Ätiologie, bei der der Verlauf nicht vorhersehbar ist und in der Folge Vitrektomien mit Glaskörperersatz notwendig werden.

4. Buphthalmus bzw. Mikrophthalmus, die für die gängigen intraokularen Linsen hinsichtlich des vorderen Augensegments keine passende Fixierung ermöglichen.

5. Nicht beherrschbare Glaukome, dagegen können regulierte Glaukomaugen die intraokularen Linsen tolerieren, operativ eingestellte Glaukome sind auch für Hinterkammerlinsen geeignet.

7. Intraoperative Komplikationen

7.1. Komplikationen bei der Vorderkammerlinsen-Implantation

Der Entschluß zur Implantation einer Vorderkammerlinse wird vielen Operateuren dadurch erleichtert, daß die herkömmliche Form der intrakapsulären Kataraktextraktion beibehalten werden kann. Das Festhalten am bisherigen operativen Vorgehen wird damit begründet, daß nach einem Wechsel auf eine bisher nicht durchgeführte Methode operationsbedingte Komplikationen nicht ausbleiben können und die für die neue extrakapsuläre Kataraktextraktion notwendigen erheblichen Investitionsmittel nicht zur Verfügung stehen. Der Vorteil der Vorderkammerlinsen-Implantation wird darin gesehen, daß die modernen Implantate sich mit ihren Endpunkten so im Skleralsporn abstützen, daß kein Kontakt zur Hornhautrückfläche bzw. Irisvorderfläche entstehen kann. Zudem können Vorderkammer-Implantate sowohl primär nach einer intrakapsulären Kataraktextraktion als auch nach einer bereits länger zurückliegenden intrakapsulären Extraktion verwendet werden. Besonders wichtig ist dies für solche Patienten, die einseitig aphak sind und eine Kontaktlinsenunverträglichkeit aufweisen.

Um Komplikationen bei der Implantation einer Vorderkammerlinse zu vermeiden, ist eine Reihe von Kontraindikationen, die im Kapitel 6. angeführt wurden, zu beachten. Kommt es während der intrakapsulären Kataraktextraktion zu Komplikationen, sollte die primäre Implantation einer Vorderkammerlinse zunächst zurückgestellt werden. Eine sekundäre Implantation kann dann erfolgen, wenn diese Komplikationen sich zurückgebildet haben, üblicherweise nach ca. 6 - 8 Wochen.

7.1.1. Tritt nach der intrakapsulären Extraktion einer Katarakt ein Verlust von geformtem oder ungeformtem Glaskörper auf, so stellt ein solcher Zustand eine relative Kontraindikation dar. Vor einer geplanten Vorderkammerlinsen-Implantation muß der Glaskörper aus dem Starschnittbereich der Vorderkammer und dem Pupillarbereich entfernt werden. Der im Starschnittbereich verbliebene Glaskörper kann zu einer verzögerten Wundheilung führen und zu einer intraokularen Infektion Anlaß geben. Der in der Vorderkammer vorhandene Glaskörper kann sich beim Einführen des Implantats in der Haptik fangen, so daß eine Verziehung der Pupille erfolgt und der im Pupillarbereich verbliebene Glaskörper zur Anlagerung an die Vorderkammerlinse mit der Folge eines Pupillarblocks führen kann. Nach Entfernung des Glaskörpers aus der Vorderkammer als »open-sky«-Vitrektomie, eventuell durch Verwendung eines Vitrektomiegerätes, läßt sich eine Vorderkammerlinse verwenden, wie von verschiedenen Autoren mitgeteilt wurde. Nach Beendigung der Implantation ist darauf zu achten, daß die Pupille rund ist und nicht durch adhärenten Glaskörper verzogen ist.

7.1.2. Sollte es während einer intrakapsulären Kataraktextraktion zu einer expulsiven Blutung kommen, ist auch dann, wenn diese zunächst beherrscht werden kann, von einer Implantation abzusehen. Eine expulsive Blutung kündigt sich durch eine plötzliche Druckerhöhung, Abflachung der Vorderkammer und einen Glaskörperverlust an. Die wichtigste Maßnahme zur Beendigung dieses Ereignisses ist der Verschluß des Starschnitts mit den vorgelegten Fäden sowie Auffüllung der Vorderkammer, sofern dies noch möglich ist.

7.1.3. Eine abgeflachte Vorderkammer im Verlauf der Kataraktextraktion mit noch nicht erfolgter Vorderkammerlinsen-Implantation kann auch als Folge ungenügender Okulokompression oder Pressens des Patienten auftreten. In diesem Zusammenhang ist darauf zu achten, daß keine Instrumente auf den Bulbus drücken und Ursache für die Abflachung der Vorderkammer ist. Für die Regression des Glaskörpers kann der Starschnitt temporär verschlossen werden und durch Gabe von Luft oder viskoelastischem Material in die Vorderkammer eine geeignete Situation für eine Implantation geschaffen werden.

7.1.4. Kommt es bei intrakapsulären Extraktionen der Linse zu einer Berührung des Endothels mit dem Gefrierkegel des Kryoansatzes, so daß am Ende der Extraktion bereits ein Hornhautödem zu erkennen ist, wird ebenfalls empfohlen, von einer primären Implantation einer Vorderkammerlinse Abstand zu nehmen; sofern sich das Hornhautödem in den folgenden Wochen zurückgebildet hat, kann eine sekundäre Implantation erfolgen.

7.1.5. Auch für den in der Implantationstechnik geübten Ophthalmochirurgen können sich während der Implantation der Vorderkammerlinse Komplikationen ergeben, die eine Revision des Implantationsvorganges zur Folge haben können. Entweicht während der Penetration der Linse durch den cornealen Wundspalt Luft nach außen, so ist mit einer Wiederauffüllung der Vorderkammer sofort zu beginnen, damit ein Kontakt des Implantats mit der Hornhautrückfläche vermieden wird. Sofern die vis-à-tergo so groß ist, daß eine Luftauffüllung der Vorderkammer nicht eine weitere Vertiefung zur Folge hat, kann der Versuch unternommen werden, mit viskoelastischem Material eine Stabilisierung der Vorderkammer zu erreichen. In jedem Fall ist es wichtig, darauf zu achten, daß durch einen erhöhten Druck in der Vorderkammer das Irisdiaphragma nicht zu weit glaskörperwärts gedrückt wird, da sich sonst die distalen Abstützpunkte der Vorderkammerlinse darin verfangen können. Wenn die Linse das anhaftende Irisgewebe nicht mehr freigibt, nachdem sie vorgeschoben worden ist, kommt es zu Inkarzeration von Iris im Kammerwinkel mit der Folge einer lokalen Irisatrophie im Bereich der Inkarzeration sowie zu einer verzogenen Pupille. In jedem Fall muß versucht werden, die Vorderkammerlinse an dem noch nicht implantierten Stück zu retahieren, um die Einklemmung von Irisgewebe rückgängig zu machen.

7.1.6. Kommt es infolge des Kontaktes des innenliegenden Implantatendes mit der Iris zur Ruptur eines iridalen Gefäßes mit nachfolgendem Hyphäma, kann aus optischen Gründen eine regelrechte Positionierung der Vorderkammerlinse unmöglich werden. Sofern die Vorderkammerblutung beherrscht bzw. durch Saug-/Spül-Verfahren entfernt werden kann, steht der Implantation der Vorderkammerlinse nichts im Wege. Wenn sich jedoch die Vorderkammer wiederholt mit Blut auffüllt, besteht die Gefahr einer Synechierung der Pupille mit der Vorderkammerlinse und nachfolgendem Pupillarblock. Aus diesem Grund ist die primäre Implantation zugunsten einer späteren zurückzustellen.

7.1.7. Liegt ein cornealer Starschnitt vor, ist bei der Einführung des Implantats eine Ablösung der DESCEMET'schen Membran möglich. Sofern die Ablösung der DESCEMET'schen Membran nur einen geringen Umfang erreicht, legt sich diese in der Regel spontan an ihren angestammten Platz zurück. Sind aber größere Areale der DESCEMET'schen Membran flügelartig in der Vorderkammer zu erkennen, muß nach Beendigung der Implantation für eine regelrechte Reposition gesorgt werden. Dafür eignet sich eine Auffüllung der Vorderkammer mit Luft und Lagerung des Patienten auf dem Rücken, so daß sich die DESCEMET entrollt und an die Hornhautrückfläche gedrückt werden kann. Auch kann der Versuch unternommen werden, mit viskoelastischem Material die Reposition zu erreichen, jedoch besteht die Gefahr, daß dieses Material zwischen Hornhautstroma und DESCEMET eintritt und eine glatte Adaptation verhindert.

7.1.8. Nach erfolgreicher Einpflanzung des Pseudophakos in die Vorderkammer ist auf den korrekten Sitz des Implantats im Kammerwinkel zu achten. Besonderes Augenmerk muß auf das Größenverhältnis des Implantats gerichtet sein, d. h. die implantierte Linse darf weder zu groß noch zu klein gewählt sein. Ein für die betreffende Vorderkammer zu kleiner Durchmesser der Linse läßt sich dadurch erkennen, daß sich bei leichter Berührung mit dem Irishäkchen die Position des Implantats verändert, ohne daß die Linse in die ursprüngliche Lage zurückkehrt. Eine zu große Vorderkammerlinse läßt sich daran erkennen, daß die Fußpunkte der Vorderkammerlinse die sklerale Lefze nach peripher wegdrücken und ein einwandfreier Wundverschluß nicht möglich ist. Wenn sich eine implantierte Vorderkammerlinse als zu klein bzw. zu groß erweist, muß sofort der Austausch des Implantats vorgenommen werden.

7.2. Komplikationen bei der Hinterkammerlinsen-Implantation

7.2.1. Die Öffnung der Vorderkammer, sei es für eine extrakapsuläre Kataraktextraktion oder Phakoemulsifikation, wird in der Regel im Limbusbereich angelegt. Zur Vermeidung höherer Astigmatismen lassen sich diese Inzisionen aber auch 1 - 2 mm hinter dem Limbus anlegen, was in der Regel mit Blutungen aus den episkleralen Venen verbunden ist. Sofern ein skleraler Zugang gewählt wird, ist darauf zu achten, daß die innere Dehiszenz nicht zu nahe an die Irisbasis gelegt wird, da dies eine Beschädigung der peripheren Iris durch Iridodialyse durch die Backen der Inzisionsscheren bzw. den Phakospatel ermöglicht. Ein weiter skleraler Zugang bringt beim Eindringen mit der Phakospitze auch die Gefahr mit sich, daß die periphere Iris vor das eingeführte System fällt und an ihrer Basis abgetrennt wird. Es entsteht dann eine umschriebene Iridodialyse, aus der es in der Regel zu stärkeren Blutungen kommen wird. Die Beschädigung der peripheren Iris kann in der postoperativen Phase auch Grund für ein länger bestehendes Hyphäma und eine fibrinöse Reaktion sein, die wiederum Anlaß zur Bildung vorderer und hinterer Synechien werden können.

7.2.2. Die Inzision der vorderen Kapsel läßt sich mit verschiedenen Inzisionsstiletten durchführen. Bewährt hat sich der Gebrauch von Einmalkanülen, deren Spitze mit Hilfe eines Nadelhalters rechtwinklig umgebogen wird. Die Verwendung von Kanülen empfiehlt sich aus mehreren Gründen: die Anschaffung spezieller Inzisionsgeräte entfällt, die Einmalkanülen lassen sich nach den eigenen Wünschen formen und sind als bisher nicht verwendete Instrumente an ihren Außenkanten stets scharf. Bei der Inzision der vorderen Kapsel muß darauf geachtet werden, daß die Vorderkammer stets eine ausreichende Tiefe aufweist, um eine Berührung der Kanüle mit der Hornhautrückfläche zu vermeiden. Die Eröffnung erfolgt durch kleine, radial gestellte Inzisionen am Pupillarrand. Dabei ist der Abstand der einzelnen Inzisionen so klein zu wählen, daß die entstehenden peripheren Reste der vorderen Kapsel als Zick-Zack-Rosette im Bereich der erweiterten Pupille zu erkennen sind. Werden die einzelnen Inzisionen mit zu großem Abstand gewählt, besteht die Gefahr, daß die Kapselreste bei der späteren Absaugung in die Absaugöffnung geraten und es zu einem Einreißen der vorderen Linsenkapsel über den Äquator hinaus kommt. Schwieriger als bei harten Katarakten ist die Inzision der vorderen Kapsel bei intumeszenten Linsen, da bereits bei der ersten Inzision verflüssigtes Linsenmaterial in die Vorderkammer gerät und den Einblick auf noch nicht inzidierte Kapselanteile verwehrt. Sind mehrere Inzisionen am Pupillarrand durchgeführt, vermindert sich durch den Austritt des verflüssigten Linsenmaterials das Volumen der Linse, und die vordere Linsenkapsel sinkt entsprechend dem verbliebenen Füllzustand der Linse zurück. Die Eingabe von viskoelastischem Material in die Vorderkammer kann die Beobachtungsmöglichkeit erhalten. Nach erfolgter zirkulärer Inzision der vorderen Kapsel läßt sich das zentrale Kapselstück durch Manipulation mit der Kanüle aus seiner noch verbliebenen Verankerung lösen. Es ist nicht nötig, dieses Kapselstück mit der Pinzette aus der Vorderkammer zu entfernen, da es bei der nachfolgenden Phakoemulsifikation leicht abzusaugen ist bzw. bei der extrakapsulären Kataraktextraktion die Vorderkammer mit dem Durchtritt des Linsenkerns verläßt.

7.2.3. Bei der Phakoemulsifikation der vorderen Linsenanteile ist darauf zu achten, daß der Phakoemulsifikationsansatz nicht zu nah an die Pupille gelangt. Durch den kontinuierlichen Flüssigkeitsstrom besteht die Gefahr, daß der pupillennahe Irisanteil in die Absaugvorrichtung gelangen und beschädigt werden kann. In der Regel kommt es nur zu geringen Schädigungen, wenn lediglich die Absaugvorrichtung betätigt wird, jedoch zu deutlichen Gewebezerstörungen, sofern der Ultraschall eingeschaltet ist. Phakoemulsifikationseffekte des Sphincter pupillae sind später an der Beschädigung der Iris und durch Verformungen der Pupille zu erkennen.

7.2.4. Die Gefahr einer Sphincterschädigung durch Phakoemulsifikation besteht jeweils dann, wenn die Pupille präoperativ nicht vollständig erweitert worden ist bzw. eine enge Pupille sich nach langjähriger Glaukombehandlung nicht mehr erweitern läßt. Das Ausmaß der Pupillenweite und die Übung des Ophthalmo-Chirurgen müssen zu der Entscheidung führen, ob die Kataraktoperation nicht den sicheren Weg einer primären extrakapsulären Extraktion mit Iridotomie und Sphincterotomie gehen kann. Bei der Phakoemulsifikation durch eine enge Pupille muß der Phakoansatz steil in die Hinterkammer eingeführt werden. Die Zertrümmerung des Linsenkerns durch eine enge Pupille kann mit großen Schwierigkeiten des Phakoemulsifikationsvorganges einhergehen. Für den in dieser Methode weniger versierten Operateur empfiehlt sich das extrakapsuläre Vorgehen mit Iridotomie und vorgelegter Irisnaht. Dabei lassen sich, solange diese nicht geschlossen ist, die abzusaugenden Rindenteile besser überblicken, und eine Verletzung der hinteren Kapsel kann leichter vermieden werden.

7.2.5. Die präzise Eröffnung der Vorderkammer ist für die Phakoemulsifikation besonders wichtig. Eine zu kleine Inzision verhindert das mühelose Eintreten des Phakoansatzes in die Vorderkammer mit der Gefahr einer Ablösung der Descemet'schen Membran im Bereich der Inzision, eine zu große Eröffnung verhindert eine konstante Tiefe der Vorderkammer und führt damit zu einer Annäherung des cornealen Endothels an die Ultraschallspitze. Zusätzlich ergeben sich bei einer flachen Vorderkammer und Verziehung der Hornhaut optische Probleme, die das Arbeiten in der Hinterkammer erschweren. Ist für den Phakoemulsifikationseinsatz die Inzision zu klein gewählt, kann sie erweitert werden. Die Verwendung eines normierten 2,8 mm breiten Phakospatels hat sich für eine konstante Inzisionsbreite bewährt. Ist die Eröffnung zu groß geraten, empfiehlt sich eine Adaptation der zu großen Inzision mit Hornhautnähten.

7.2.6. Die heute gängige Methode einer Phakoemulsifikation wird bimanuell ausgeführt. Der dazu verwendete Spatel wird durch eine Parazenthese bei ca. 2.00 Uhr in die Vorderkammer gegeben und mit der linken Hand gehalten. Durch den Einsatz eines zusätzlichen Instrumentes in der Vorderkammer gelingt es, den harten Linsenkern aus seinem Verband zu lösen und in der Hinterkammer flottierende Reste der Phakospitze zuzuführen und diese bei dem Phakoemulsifikationsvorgang nicht abdriften zu lassen. Es ist jedoch darauf zu achten, daß die Spatelspitze niemals mit dem Ultraschalltip in Berührung kommt, während dieser sich in Aktion befindet. Im Fall eines Kontaktes des Spatels mit der schwingenden Spitze besteht die Gefahr von Ausrissen kleiner Metallteile aus der Spatelspitze. Die am Phakogerät angezeigte Schwingungsdauer des Ultraschalltips soll zur Vermeidung möglicher Hornhautschäden eine Zeit von 2,5 Min. nicht wesentlich überschreiten. Da bei Beginn einer Phakoemulsifikation die Gesamtdauer des Operationsvorganges nicht mit Sicherheit vorhergesagt werden kann, empfiehlt es sich, die Phakoemulsifikation nach 2 Min. abzubrechen, wenn sich zu diesem Zeitpunkt noch wesentliche Teile des harten Linsenkerns in der Hinterkammer befinden. In diesem Fall muß dann die Kataraktextraktion als extrakapsuläre Entfernung des harten Linsenkerns in toto erfolgen.

7.2.7. Nach vollständiger Zertrümmerung des Linsenkerns schließt sich das Absaugen der meist lockeren Rindenreste durch die Saug-Spül-Vorrichtung an. Sofern die Konsistenz der peripheren Rindenanteile weich ist, gelingt die Absaugung ohne Mühe, indem man das Absaugloch diesen nähert. Es ist sinnvoll, sämtliche Absaugvorgänge so vorzunehmen, daß die Öffnung des Tips nur so gehalten wird, daß sie vom Operateur kontrolliert werden kann. Das schließt nicht aus, daß die Öffnung auch seitlich zu liegen kommt oder daß der Absaugtip für kurze Zeit hinter die Iris gebracht wird, um verbliebene Reste abzusaugen. Es ist jedoch wichtig, darauf zu achten, daß keine Kapselreste mit angesaugt werden, da bei Bewegung des Tips dann die Gefahr eines Einreißens über den Äquator hinaus besteht. Ist es zu einem Ansaugen von Kapselanteilen gekommen, so ist es wichtig, den Tip bewegungslos zu halten und nicht herauszuziehen. Durch Betätigung der Reverse-Taste kann der Versuch gemacht werden, die bereits angesaugten Kapselteile wieder herauszuspülen. Da es sich gezeigt hat, daß in einigen Fällen auch dieses nicht möglich ist, kann man versuchen, das bereits abgesaugte Stück durch Verwendung des Spatels an der Öffnung des Tips abzutrennen. Wenn die Rindenreste sich durch die eingestellte Saugleistung nicht entfernen lassen, besteht die Möglichkeit, die Saugleistung zu verändern: einmal können durch Erhöhung der eigentlichen Sogleistung die hoch viskosen Materialien besser abgesaugt werden, zum anderen kann durch die Verwendung eines anderen Tips mit größerem Absaugloch eine bessere Saugleistung erreicht werden.

7.2.8. Sind sämtliche peripheren Rindenreste entfernt, finden sich meistens auf der hinteren Kapsel einzelne punktförmige Reste der Linsenrinde. Diese feinen Rückstände lassen sich mit einem besonderen Instrument mit rauher Oberfläche abpolieren, sie lassen sich aber auch absaugen, indem die Saugleistung des Saug-Spül-Ansatzes auf 50 mm Hg reduziert wird. Dadurch lassen sich locker aufsitzende Reste sehr leicht abspülen. Auch kann mit dem Gerät vorsichtig über die hintere Kapsel gefahren werden, so daß sich die spiegelnde Oberfläche zeigt. Nicht zu verwechseln mit den feinen Rindenresten auf der hinteren Kapsel sind primäre Fibrosen, die sich so gut wie gar nicht polieren oder absaugen lassen.

Kommt es im Verlauf der Phakoemulsifikation bzw. der extrakapsulären Entfernung des Linsenkerns zur Ruptur der hinteren Kapsel, entscheidet die Operationssituation über den weiteren Fortgang. Befindet sich der Linsenkern in der Vorderkammer, ohne daß Glaskörper dazu erscheint, kann versucht werden, die Phakoemulsifikation vorsichtig fortzusetzen. Verläßt der Linsenkern durch die Kapselruptur die Vorderkammer in Richtung Glaskörper, kann eine Extraktion nur noch mit dem Glaskörperansatz eines Kryogerätes erfolgen. Ereignet sich die Kapselruptur nach Phakoemulsifikation des Kerns, ohne daß Glaskörper in der Vorderkammer erscheint, kann nach Luftauffüllung der Vorderkammer und Engstellen der Pupille die Resorption der Rindenreste abgewartet werden. Ist die ganze Vorderkammer jedoch ausgefüllt mit Corpus, läßt sich eine Vitrektomie durch die Phakoinzision durchführen. Bei der extrakapsulären Kataraktextraktion müssen nach Irrigation des Glaskörpers aus der Vorderkammer die Rindenanteile aus der Hinterkammer entfernt werden. In jedem Fall ist von der Implantation einer Hinterkammerlinse abzuraten, da die Gefahr einer Dislokation des Pseudophakos in den Glaskörperraum droht. Ausnahmen können dann gegeben sein, wenn peripher gelegene Kapselrupturen nach vollständigem Absaugen der Rindenreste auftreten, ohne daß Glaskörper in die Vorderkammer gerät. In diesem Fall lassen sich Hinterkammerlinsen implantieren, ohne daß die Kapselruptur sich vergrößert oder Glaskörper in die Vorderkammer eintritt.

7.2.9. Bei der Implantation einer Hinterkammerlinse bestehen naturgemäß weitere Möglichkeiten einer Schädigung der Hornhaut, Iris und Hinterkapsel. Die Implantationstechnik wird wesentlich bestimmt durch die Art der zu implantierenden Linse, die Instrumente zur Implantation und die Lage der Inzision. Immer ist bei der Implantation darauf zu achten, daß der kaudale Bügel durch Herabdrücken der noch extraokular befindlichen Anteile der Hinterkammerlinse nicht an die Hornhautrückfläche gerät und damit eine Endothelschädigung verursacht. Auch wenn bei der Implantation einer Hinterkammerlinse die zuvor in die Vorderkammer gegebene Luft austreten kann, besteht die Gefahr eines Kontaktes von noch nicht fixierten Bügeln mit der Hornhautrückfläche. Kommt es während der Implantation einer Hinterkammerlinse wiederholt zum Verlust der Luft in der Vorderkammer, z.B. durch vis à tergo, ist es ratsam, nach Durchtritt der Linsenoptik durch die Inzision eine Situationsnaht zu legen, um bei der endgültigen Positionierung der Linse eine stehende Vorderkammer zu haben. In einigen Fällen kann auch viskoelastisches Material zur Aufrechterhaltung einer stehenden Vorderkammer gebraucht werden. Beim Einführen der Bügel in die Hinterkammer soll der Operateur darauf achten, daß diese zwischen Irishinterfläche und verbliebene vordere Kapsel gelangen (Sulcus-Fixation) bzw. zwischen die Kapselblätter (Kapselsackfixation) gelegt werden, um eine dem Linsentyp entsprechende Positionierung zu garantieren. Es ist bekannt, daß, wenn sulcusfixierte Linsen mit einer Schlaufe in den Kapselsack gelangen, es zu einer Dezentrierung kommen muß, was unter Umständen zur Diplopie und Blendungserscheinungen führen kann. Auch bei Einführen des superioren Bügels ergeben sich Möglichkeiten einer weiteren Schädigung; ist die Pupille zu eng und wird die Optik mit dem kaudalen Bügel zu weit mit dem Positionierhaken dezentriert, kann die Aufhängung der Kapsel an den Zonulafasern gesprengt werden und eine Luxation der Hinterkammerlinse in den Glaskörper erfolgen. Wird zur Implantation des superioren Bügels der Hinterkammerlinse eine Drehtechnik angewandt, besteht die Möglichkeit eines Ausscherens des bereits in der Hinterkammer befindlichen Bügels, wenn die Drehung in der Richtung der Bügelöffnung erfolgt. Durch ein solches Manöver kann sich das freie Ende eines Bügels in der Hinterfläche der Iris verhaken und zu Verletzungen der Iris führen. Zur Entspannung und zur freien Lagerung der Hinterkammerlinse empfiehlt es sich, nach der Implantation die in der Vorderkammer befindliche Luft mit der Saug-Spül-Vorrichtung zu entfernen und zur Pupillenverengung Acetylcholin in die Vorderkammer zu geben. Dabei zeigt sich, daß sich auch die Hinterkammer stellt, die hintere Kapsel glättet und das Implantat seine endgültige Position einnimmt.

Literatur

1) Pearce, J., Ghosh, T.: »Surgical and Postoperative Problems with Binkhorst 2 and 4-Loop Lenses«, Trans. Ophthal. Soc. UK, 97, 84 (1977)
2) Pollack, F., Sugar, A.: »The Phacoemulsification Procedure. II. Corneal Endothelial Changes«, Invest. Ophthal. 15, 458 (1976)
3) Pollack, F., Sugar, A.: »The Phacoemulsification Procedure. III. Corneal Complications«, Invest. Ophthal. 16, 39 (1977)
4) Rowsey, J., Gaylor, J.: »Intraocular Lens Disasters — Peripheral Anterior Synechiae«, Ophthal. 87, 646 (1980)
5) Stark, W., Rosenblum, P., Maumenee, A., Cowan, C.: »Postoperative Inflammatory Reaction to Intraocular Lenses Sterilized with Ethylene Oxide«, Ophthal. 87, 385 (1980)
6) Sutton, G.: »Intraocular Lens Implantation by Surgeons in Training«, Brit. J. Ophthal. 64, 687 (1980)

8. Postoperative Komplikationen

8.1. Postoperative Komplikationen der Vorderkammerlinsenimplantation

8.1.1. Das postoperativ auftretende Hornhautödem nach Vorderkammerlinsenimplantation kann verschiedene Ursachen haben: Kommt es während der Implantation zu einer vorübergehenden Ablösung der DESCEMET'schen Membran, ergibt sich postoperativ ein Hornhautödem, das von der Inzisionsstelle ausgeht. Stellt sich postoperativ eine Abflachung der Vorderkammer mit Kontakt der Vorderkammerlinse zum cornealen Endothel ein, findet sich meist in diesem Kontaktbereich die corneale Dekompensation. Sind toxische Einflüsse der Vorderkammerlinse für die Dekompensation zuständig, findet sich das Hornhautödem ohne einen bestimmten topischen Bezug. Auch Vorschädigungen des cornealen Endothels, wie Cornea guttata oder FUCHS'sche Hornhautdystrophie, können nach Implantation einer intraokularen Linse, besonders bei der Vorderkammerlinse, die Transparenz der Hornhaut beeinflussen. In diesem Zusammenhang kann auch die Keratitis striata beobachtet werden. Dabei handelt es sich um eine Quellung der DESCEMET'schen Membran ohne die Möglichkeit einer Verschiebung gegenüber dem weniger gequollenen Hornhautstroma. So bilden sich Falten an der Hornhautrückfläche, die ebenfalls als Folge eines dekompensierten Endothels gewertet werden.

Zur Behandlung eignet sich nach Ausschalten der spezifischen Faktoren bzw. Stabilisierung der Vorderkammer die Reposition der abgelösten DESCEMET. Diese Maßnahmen können jedoch nur als vorübergehende Behandlung angewandt werden, da die corneale Transparenz erst dann wieder gegeben sein wird, wenn die verbliebenen Endothelzellen durch Verbreiterung den entstandenen Defekt gedeckt haben und die Entquellung der Hornhaut vervollständigt ist.

8.1.2. Die flache Vorderkammer in den ersten postoperativen Tagen kann im wesentlichen zwei Ursachen haben: von diesen ist die eine, nämlich Pupillarblock, verbunden mit einem hohen intraokularen Druck, während eine Fistulation im Starschnitt einen gering erhöhten Augeninnendruck mit einer flachen Vorderkammer aufweist. In jedem Fall droht durch Verminderung der Vorderkammertiefe ein direkter Kontakt zwischen den peripheren Fußpunkten des Vorderkammerimplantats und der Hornhautrückfläche. Besteht dieser Kontakt zur Hornhautrückfläche über längere Zeit, kann es zur Ausbildung vorderer Synechien kommen, die auch nach einer Vorderkammerauffüllung irreversibel sind. Besonders nach Implantationen einer Vorderkammerlinse ist das Auftreten eines klinischen Syndroms bekanntgeworden, das durch eine vordere Uveitis, Glaukom und Hyphäma gekennzeichnet ist. Als Erklärung wird angenommen, daß eine mangelnde Qualität der implantierten Linse zu Mikrotraumata des Irisgewebes geführt hat, die die Ursache einer vorderen Uveitis waren. Durch Beschädigung von Irisgewebe kommt es dabei zu rezidivierenden Hyphämata mit Ausbildung eines Sekundärglaukoms. Da diese Beschwerden in der Regel konservativ nicht zu beherrschen waren, erfolgte bei einem Großteil der Patienten eine Extraktion der implantierten Vorderkammerlinse. Es sind jedoch auch Patienten beschrieben worden, die selbst nach Entfernung des Implantats keine Besserung der Symptome aufwiesen (UGH-Syndrom).

8.1.3. Bei der intrakapsulären Kataraktextraktion mit und ohne Vorderkammerlinsen-Implantation ist bei einem hohen Prozentsatz (bis zu 50 %) der Patienten postoperativ ein cystoides Maculaödem (IRVINE-GASS-Syndrom) festgestellt worden. Dabei findet sich fluoreszenzangiographisch ein Farbstoffaustritt perifoveolär, ohne daß dieses Phänomen in allen Fällen zu einer wesentlichen Visusverminderung führt. Nur ein geringer Anteil der Patienten mit einem cystoiden Maculaödem bemerkt vorübergehende oder permanente Sehstörungen. Das cystoide Maculaödem tritt gehäuft nach Inkarzeration von Glaskörper im Starschnitt auf, möglicherweise durch eine permanente Irritation der Iris. Nach den heutigen Vorstellungen ist für die perifoveoläre Entzündung des Kapillarnetzes mit nachfolgender Leckage in die Macula ein Prostaglandin vom Typ E^2 und F^2 alpha verantwortlich zu machen. Es wird auch angenommen, daß die BITOSCHE'sche Pumpe, die für die Resorption der Prostaglandine verantwortlich ist, nach intraokularen Eingriffen überlastet ist. Dadurch können nach Entfernung der Linse diese Prostaglandine über den CLOQUET'schen Kanal zur Macula gelangen. Die in diesem Zusammenhang genannten ABC-Faktoren (aqueus biotoxic complex) lassen sich bisher nicht eindeutig identifizieren. Möglicherweise gehören Histamine und Immunkomplexe zu dieser Gruppe. Es ist auffallend, daß das Auftreten eines cystoiden Maculaödems nach extrakapsulärer Kataraktextraktion wesentlich seltener, bei extrakapsulärer Kataraktextraktion mit Kapsulotomie jedoch siginifikant höher erscheint. Neben der Technik der Kataraktextraktion scheint auch die Wahl der implantierten Linse einen wesentlichen Einfluß auf das Auftreten des cystoiden Maculaödems zu haben. Besonders sind Patienten betroffen, bei denen es zu einem Corpusverlust während der Operation gekommen ist und bei denen Glaskörperstränge im Starschnitt adhärent sind. Auch Patienten mit cardiovaskulären Erkrankungen sind gehäuft von einem cystoiden Maculaödem betroffen. Mit Hilfe von Prostaglandin-Hemmern hat sich die Möglichkeit einer Behandlung des cystoiden Maculaödems ergeben. Dabei scheint die topische Applikation der systemischen überlegen zu sein. Eine Photokoagulation des cystoiden Maculaödems hat sich als nicht effektiv herausgestellt.

8.2. Postoperative Komplikationen bei der Hinterkammerlinsenimplantation

8.2.1. Von einem Iris-capture- oder Pupil-capture-Syndrom wird dann gesprochen, wenn ein Teil oder die gesamte Optik der Linse vor den Pupillarrand zu liegen kommt und sich ein Teil des Sphinkters auf der Rückfläche des optischen Teils der Hinterkammerlinse befindet. Da in Fällen von Linseneinklemmung eine Reizmiosis vorliegt, ist nicht damit zu rechnen, daß sich der Zustand ohne äußeres Zutun ändert. Im Grunde müssen zwei Faktoren zusammenkommen, um ein Iris-capture-Syndrom auftreten zu lassen: zum einen befindet sich der optische Teil der Hinterkammerlinse sehr nahe am Pupillarbereich, und zum anderen liegt die Hinterkammerlinse mehr oder weniger dezentriert, so daß der Pupillarrand hinter den optischen Teil gelangen kann. Die Dezentrierung einer Hinterkammerlinse kann intraoperativ oftmals nur sehr schwer erkannt werden, läßt sich aber postoperativ durch ein Gonioskop darstellen. Ein Grund für die Dezentrierung kann die unterschiedliche Lage der Bügel sein, wenn sich ein Bügel der Hinterkammerlinse im Kapselsack, der andere jedoch im sulcus ciliaris befindet. Dadurch ergeben sich asymmetrische Druckkräfte, die zu einer Verlagerung der Hinterkammerlinse führen. Sofern das Iris-capture-Syndrom sofort postoperativ entdeckt wird, gelingt es manchmal durch medikamentöse Mydriasis und Glaskörperentquellung, den Pupillarrand hinter der Linsenoptik hervorzuziehen. Damit gerät die Linse bei Rückenlage des Patienten in die Hinterkammer; eine durch Miotika verengte Pupille kann ein weiteres Einklemmen der Iris verhindern. Wird das Iris-capture-Syndrom jedoch beobachtet, nachdem sich bereits Verwachsungen der Iris mit dem Linsenkörper ausgebildet haben, ist ein Reponieren mit konservativen Mitteln nicht mehr möglich. Grundsätzlich sollte, sofern stabile Synechien bestehen, von einer Reponierung in die Hinterkammer abgesehen werden, da nur selten das Sehen beeinträchtigt wird. Zur Vermeidung eines Iris-capture-Syndroms werden heute die meisten Hinterkammerlinsen mit 10° nach vorne abgewinkelten Bügeln verwendet; damit wird die Optik so weit in die hintere Kammer zurückgedrängt, daß eine Einklemmung des Pupillarrandes nicht mehr auftreten kann.

8.2.2. Die Begriffe »Dezentrierung« und »Dislokation« von Hinterkammerlinsen werden oft synonym gebraucht, obwohl sie unterschiedliche Phänomene bezeichnen. Von einer »Dezentrierung« sollte nur dann gesprochen werden, wenn der refraktive Teil einer Hinterkammerlinse sich von der Sehachse soweit entfernt, daß sich im Pupillarbereich ein halbmondförmiger, optikfreier Bezirk ergibt, der zu Doppelbildern führen kann oder Blendungserscheinungen hervorruft. »Dislokationen« liegen immer dann vor, wenn intraokulare Linsen einen anderen Platz einnehmen als ihnen von der Architektur der Haptik und Optik zukommt, z. B. wenn eine Hinterkammerlinse in den Glaskörperraum gefallen ist. Dislokationen sind naturgemäß extrem selten. Im Fall der Hinterkammerlinse ist eine Dislokation in den Glaskörper nur möglich, wenn die hintere Kapsel ruptuiert ist und das Implantat die hintere Kammer verläßt. Es ist jedoch beschrieben worden, daß kapselsackfixierte Linsen nach einem Trauma dislozieren können.

8.2.3. Zwei Formen einer Dezentrierung können genannt werden, die gelegentlich beobachtet werden. Das »Scheibenwischer-Syndrom« (wind shield wiper syndrome) tritt dann auf, wenn das Implantant für die ihm zugedachte Position zu klein ist und ein Bügel seine regelrechte Position einnimmt, während die andere Haptik ohne Haltemöglichkeit bleibt. Es kommt dann um den sagittalen Drehpunkt des fixierten Bügels zu Pendelbewegungen der Hinterkammerlinse, die durch die Bewegung des Auges bzw. durch fehlende Fixierung der anderen Schlinge ausgelöst werden können. Sofern der Patient durch die Schleuderbewegungen gestört wird, kann der Versuch unternommen werden, das nicht fixierte Bügelende mit einer McCANNEL-Naht zu fixieren. Meistens kommt es durch den bestehenden Reizzustand zu einer raschen Synechie zwischen hinterer Kapsel und Linse, so daß die geklagten Beschwerden zurückgehen.

Das Sonnenuntergangsphänomen (sunset syndrome) tritt auf, wenn kapselsackfixierte Linsen durch Einreißen der Zonulafasern aus der zentrischen Position gezogen werden; dabei ist die Linse durch ihre Schwerkraft und bei aufrechter Position des Patienten nach unten verlagert. Wird dieses Phänomen intraoperativ beobachtet, ist es als iatrogene Schädigung des Aufhängeapparates des Kapselsacks anzusehen. Tritt dieses Phänomen später auf, liegt der Veränderung möglicherweise ein Trauma zugrunde. Sofern die Hinterkammerlinse nur wenig absackt, ist das Sonnenuntergangsphänomen harmlos; verschwindet die Optik jedoch aus dem Pupillarbereich, ist damit zu rechnen, daß die Hinterkammerlinse samt Kapselsack in den Glaskörperraum gerutscht ist. In diesem Fall liegt eine Dislokation vor. Sofern nur ein Bügel einer Hinterkammerlinse fixiert werden muß, eignet sich eine McCANNEL-Naht; ist die Hinterkammerlinse mit dem Aufhängeapparat in den Glaskörper abgesackt, kann sie entfernt werden.

Dezentrierungen von Hinterkammerlinsen ergeben sich außerdem, wenn eine Schlaufe versehentlich in den Kapselsack gerät, während die zweite Schlaufe im Sulcus liegt. Dadurch ergeben sich durch die unterschiedlichen Abstützpunkte Verlagerungen der Hinterkammerlinse, die meistens aber nur bei erweiterter Pupille zu erkennen sind, so daß sie für den Patienten unbemerkt bleiben. Ein ähnlicher Effekt einer Dezentrierung der Hinterkammerlinse ergibt sich außerdem dann, wenn eine Schlaufe im Sulcus ciliaris zu liegen kommt und der andere Linsenbügel sich im rückwärtigen Irisstroma verfängt. Dabei ist der Patient weniger durch die geringe Dezentrierung belästigt als durch länger anhaltende Vorderkammerreaktionen. Bei diesen nicht korrekt implantierten Linsen kommt es außerdem zu einer unterschiedlichen Weite des Kammerwinkels.

8.2.4. Von einer toxischen Reaktion des Auges (toxic lens syndrome) kann immer dann gesprochen werden, wenn andere als infektiöse Gründe vorliegen. In den meisten Fällen tritt das toxische Syndrom kurz nach der Implantation auf, d.h. nach 2 - 3 Tagen. Dabei erkennt man in der Vorderkammer eine dichte fibrinöse oder auch zellige Reaktion, nach kurzer Zeit entwickelt sich ein Hypopyon. Es kommt zu hinteren Synechien zwischen Iris und Hinterkammerlinse, Beschlägen auf der Linsenfläche, eventuell zu prä- oder post-pseudophaker Membranbildung und Infiltration des Glaskörpers. Unter Umständen führt das Toxic-lens-Syndrom zu so starken entzündlichen Erscheinungen, daß eine Beurteilung des Fundus nicht mehr möglich ist. Im Gegensatz zu infektiösen Prozessen fällt jedoch auf, daß die Patienten über sehr wenig Beschwerden klagen und daß das Auftreten einer Chemosis ausbleibt. Das Toxic-lens-Syndrom tritt aber nicht nur kurz nach der Implantation auf, sondern kann auch nach Absetzen der in der Regel 6 Wochen lang anhaltenden Cortison-Therapie auftreten, wenn keine oder zu wenig antiinflammatorische Substanzen appliziert werden. Im Falle des früh oder spät eintretenden Toxic-lens-Syndroms ist es nicht nötig, die Hinterkammerlinse zu entfernen, sondern eine hohe Gabe von Cortison — lokal und auch systemisch — bewirkt innerhalb kurzer Zeit ein Aufklären der Medien; das Hypopyon verschwindet. Auch bilden sich zum Teil hintere Synechien und membranartige Beläge auf der Linse zurück. Es ist nicht geklärt, welche Substanzen für das Auftreten eines Toxic-lens-Syndroms verantwortlich zu machen sind. Denkbar sind u.a. Monomere des PMMA, aus denen der optische Teil der Linse hergestellt wird. Es ist jedoch auch diskutiert worden, ob nicht andere Substanzen, wie das zur Sterilisation verwendete Äthylendioxid verantwortlich sein können für eine mehr oder weniger ausgeprägte Reaktion des Auges auf das neu empfangene Implantat. Letztlich liegen auch Berichte darüber vor, die aussagen, daß Reste von verwendetem Poliermaterial ein Toxic-lens-Syndrom induzieren können. Wichtig für den implantierenden Ophthalmochirurgen ist es, im Einzelfall eine Unterscheidung zwischen der infektiösen Reaktion einer beginnenden Panophthalmie und einem Toxic-lens-Syndrom treffen zu können, da im ersteren Fall eine Entfernung der implantierten Linse und frühzeitige Vitrektomie vorzunehmen ist, im anderen Fall eine antiinflammatorische Therapie mit Erhalt der intraokularen Linse erfolgen kann.

8.2.5. Auch die Präzipitate, die sich auf der Linsenvorderfläche der implantierten Hinterkammerlinse finden, sind als Ausdruck einer abgelaufenen Reaktion zu werten. Es kann dabei nicht gesagt werden, ob diese geringe Reaktion auf das Material des Implantats zurückzuführen ist oder ob das Implantat durch seine Lage in der Hinterkammer diese Reaktion auslöst. In einigen Fällen beobachtete man neben feinen wie ausgelaugten Präzipitaten auf dem Implantat auch Areale mit Pigmentzellgehalt, was darauf schließen läßt, daß mechanische Faktoren zur Ablösung der Pigmentzellen vom iridalen Pigmentblatt geführt haben. Denkbar ist aber auch, daß diese Pigmentzellen durch die Anlagerung der Bügel im Sulcus vom Sulcusbereich mit dem Kammerwasserstrom abgeschwemmt werden und sich auf der Linsenvorderfläche wiederfinden. Sofern die Beschläge auf dem Implantat nicht massiv auftreten, empfindet der Patient außer Blendung keinerlei Beschwerden, insbesondere ist die Sehschärfe dadurch nicht wesentlich beeinflußt. Nach eigenen Beobachtungen verschwinden die Beschläge der Linsenvorderfläche auch ohne Behandlung. Sind sie massiv vorhanden, so läßt sich durch Gabe von Cortisonpräparaten eine Besserung erwarten.

8.2.6. Membranbildungen vor und hinter dem Implantat lassen sich klar unterscheiden. Vor dem Implantat gelegene Membranen treten besonders nach fibrinösen Reaktionen auf, die nicht in ausreichendem Maße antiinflammatorisch behandelt worden sind. Fibrinöse Reaktionen werden nach extrakapsulären Extraktionen bzw. nach der Phakoemulsifikation beobachtet, wenn mechanische Irritationen des Irisgewebes vorgelegen haben, z.B. bei Phakoemulsifikation des Pupillarrandes, aber auch bei Ausführung einer Iridotomie und Irisnaht zur Extraktion des Kerns. In den weitaus meisten Fällen lassen sich diese Reaktionen durch Indometacin und Cortison soweit reduzieren, daß es nicht zur Membranbildung vor dem Implantat kommt. Sofern ein Patient aber die Klinik verlassen hat und ohne weitere Kontrolle bleibt, kann in einigen Fällen eine komplette Membran vor dem Implantat zu beobachten sein. Eine intransparente und dichte prälentale Membran kann schließlich nur noch diszidiert werden; unter Umständen eignen sich solche Membranen auch für Applikationen mit einem YAG-Laser. Hinter dem Implantat befindliche Trübungen lassen sich in primäre und sekundäre Kapselfibrosen unterscheiden (Abb. 1). In seltenen Fällen läßt das typische Aussehen der hinteren Kapselveränderung auch auf die Ausbildung eines regeneratorischen Nachstares schließen. Primäre Kapselfibrosen werden unmittelbar nach Entfernung der Rinde von der hinteren Kapsel beobachtet. Je weiter sie vom Zentrum der optischen Achse entfernt sind, desto geringer erzeugen sie Seh- und Blendungsbeschwerden. Als sekundäre Kapselfibrosen werden Bindegewebsveränderungen der hinteren Kapsel bezeichnet, die nach dem Implantationsvorgang an der zuvor klaren hinteren

Kapsel auftreten. Es ist auffällig, daß sekundäre Fibrosen häufiger bei Patienten auftreten, denen kein Implantat eingesetzt wurde. Aus diesem Grund hat man angenommen, daß der Druck und die feinen Bewegungen des Implantats zur hinteren Kapsel diese Fibrosen, die von versprengten Linsenzellen ausgehen, verhindern können. Da die Kapselfibrosen in erheblichem Ausmaß die Sehschärfe der Patienten beeinflussen können, wurden früher primäre und sekundäre Kapsulotomien nach Implantation einer Hinterkammerlinse durch die Iridektomie ausgeführt. Die meisten Ophthalmochirurgen sind in dieser Hinsicht heute vorsichtiger geworden, da zum einen das Ausmaß einer Diszision nicht immer exakt vorher bestimmbar ist und zum anderen ein großer Teil der Vorteile, die die extrakapsuläre Kataraktextraktion mit Implantation einer Hinterkammerlinse bringt, wieder hinfällig wird. Als Methode der Wahl muß heute die Behandlung einer Kapselfibrose mit der YAG-Laser-Zerstörung angesehen werden. Dabei läßt sich ohne Bulbuseröffnung die Membran durch Zerreißung in einem Durchmesser von 4 - 5 mm um die optische Achse entfernen. Sofern die Membran der Rückseite des Implantats unmittelbar anliegt, ist damit zu rechnen, daß sich Zerstörungen auch auf der Rückfläche der Linse zeigen, ohne daß die Patienten selber durch diese punktförmige Beschädigung in ihrem Sehvermögen beeinflußt werden. Mit Einführung der Laser-space-linsen ist es möglich, die Hinterkammerlinsen ohne Beschädigung zu erhalten.

8.2.7. Infektiöse Endophthalmitis.

Das Auftreten infektiöser bakterieller oder mykotischer Endophthalmitiden muß als die gravierendste Komplikation bei der Linsenimplantation gewertet werden. Wegen des seltenen Auftretens ist es in der Regel auch nicht möglich, den Infektionsweg nachzuvollziehen. Das Bild einer bakteriellen Endophthalmitis ist so typisch, daß diese Diagnose unverzüglich zu stellen ist. Das Auftreten einer Endophthalmitis erfolgt am ersten oder zweiten postoperativen Tag. Die klinischen Zeichen bestehen aus einer gemischten Infektion und Chemosis, Hornhautbeschlägen und eventuell Ausbildung eines Ringabszesses, heftigem intraokularem Reizzustand mit Hypopyon und einem Sekundärglaukom. Patienten geben Druck und Schmerzen an, eine Fundusbeurteilung ist nur in einem sehr frühen Stadium möglich. Der Ausgang einer Endophthalmitis-Behandlung ist wesentlich davon bestimmt, zu welchem Zeitpunkt mit der Behandlung begonnen wird. Ein Patient mit dem Verdacht einer bakteriellen Endophthalmitis muß mehrfach täglich angesehen werden, um einen möglichst frühen Zeitpunkt einer Intervention zu erreichen. Die Therapie einer bakteriellen Endophthalmitis besteht in einer Kombination einer lokalen und systemischen antibiotischen Behandlung sowie einer Pars-Plana-Vitrektomie, wobei das gewonnene Material auch zur Kulturbestimmung verwandt werden muß. Zusätzlich kann Kammerwasser aus der Vorderkammer für die Identifikation des Keimes gewonnen werden.

Sofern ein Antibiogramm nicht vorliegt, eignen sich Aminoglykoside (Gentamycin) und Cephalosporine (Cephazolin) für die subkonjunktivale Injektion in einer Konzentration von 40 bzw. 100 mg. Zusätzlich müssen die erwähnten Antibiotika als Infusion systemisch appliziert werden. Für die Vitrektomie eignen sich Aminoglukoside und Cephalosporine in einer Konzentration von 40 mg bzw. 100 mg auf 500 ml. Es muß beachtet werden, daß Aminoglykoside auch in geringeren Konzentrationen einen toxischen Effekt auf die Endothelzellen bei Vorderkammerspülung haben. Neben der antibiotischen Therapie müssen Corticosteriode systemisch (200 mg pro Tag) und lokal verabreicht werden.

Im Gegensatz zur bakteriellen Endophthalmitis tritt eine Endophthalmitis durch Pilzinfektion später auf und läuft weniger stürmisch ab. Typisch sind die lokalisierten Infiltrate im Glaskörper vor der Netzhaut. Dagegen weisen die vorderen Abschnitte eine mäßige, jedoch konstante Entzündungssymptomatik auf. Eine spezifische Diagnostik kann im Sinn einer Pilzidenfikation nur durch Vitrektomie erfolgen. Als die wichtigsten Antimykotika haben sich das Amphoterizin B und Miconazol erwiesen. Die intravenöse Infusion mit Amphoterizin B (70 mg pro Tag) wirkt nephro-toxisch und soll nur unter Kontrolle der wichtigen harnpflichtigen Komponenten angewendet werden. Miconazol (2 g pro Tag) muß auf mehrere Gaben pro Tag verteilt werden. Auch die Infusionslösung für die Pars-Plana-Vitrektomie muß ein Antimykotikum erhalten.

8.3. Austausch intraokularer Linsen

Trotz präoperativer biometrischer Untersuchungen ergibt sich in ganz seltenen Fällen die Notwendigkeit eines Austausches von intraokularen Linsen. Aus der Literatur ist z. B. bekannt, daß eine Entfernung auch nach massiven infektiösen Kontaminationen der Linsen in ihren Transportbehältern vorgenommen wurde. Dazu ist es notwendig, die corneosklerale Inzision wieder von dem verschließenden Faden zu befreien und die Linse so zu luxieren, daß sie mit einem Bügel in die Vorderkammer gelangt. Der Einsatz von viskoelastischem Material zu diesem Zweck ist nahezu unerläßlich. Eine Explantation von intraokularen Linsen ist in der Regel auch nur in den ersten postoperativen Tagen möglich, da wegen später einsetzender Synechien eine Entfernung ohne Verletzung anhaftender Gewebe nahezu undenkbar ist. Wenn bei einer Hinterkammerlinse das Ausmaß der Verwachsung nicht gesehen werden kann, empfiehlt es sich, vor der Entfernung des Implantats das Ausmaß der Synechie zu testen. Dazu kann mit einem Positionierhaken versucht werden, die Rotation der Hinterkammerlinse vorzunehmen. Geht das Implantat nach einer Rotation in die alte Position zurück, ist damit zu rechnen, daß eine nicht lösbare Verwachsung vorliegt. In einigen seltenen Fällen ist durch Gabe von viskoelastischem Material in die Hinterkammer die Lösung bestehender Synechien gelungen, doch kann die Explantation fest synechierter Hinterkammerlinsen zu wesentlichen Zerstörungen im Iriskapseldiaphragma und in der Hinterkapsel führen. Sofern lediglich die Explantation einer Hinterkammerlinse bevorsteht, ohne daß im Anschluß daran ein weiteres Implantat eingesetzt wird, ist daran zu denken, die anhaftenden Bügel mit einer Schere zu durchtrennen, um damit den optischen Teil der Linse explantieren zu können. Als wesentliche Gründe für die Notwendigkeit einer intraokularen Linsenexplantation gelten nicht beherrschbare Reizzustände, unter Umständen mit Ausbildung von Hyphäma und Glaukom, therapieresistente uveitische Reaktionen und Unverträglichkeit mit dem optischen Resultat der Implantation.

8.4. Postoperativer Astigmatismus

Der postoperative Astigmatismus muß als unerwünschte und für den Patienten hinderliche Komplikation angesehen werden.

Postoperative Astigmatismen nach der Implantation intraokularer Linsen können einmal durch die operativ gesetzten Schäden und deren Wundheilung im Starschnittbereich, aber auch durch einen unkorrekten Sitz des Implantats hervorgerufen werden. Die durch den Starschnitt hervorgerufenen Astigmatismen sind im wesentlichen von der Lage des Starschnitts abhängig; dabei ergeben Inzisionen im Sklerabereich geringere Verziehung der Hornhaut als die in der Cornea ausgeführten Starschnittvarianten. Außer durch die Lage des Starschnitts zum Limbus ist der Astigmatismus abhängig von der Ausdehnung des Starschnitts. Für die Phakoemulsifikation ergeben sich mit einer Eröffnung bis zu 3 mm die günstigsten Resultate. Abhängig ist der postoperative Astigmatismus aber besonders von der Nahttechnik zum Verschluß des Starschnitts. Als sehr günstig beschrieben wird die Kreuzstichnaht, da sie die durch den gekreuzten Fadenverlauf auftretenden Verziehungen zum Teil ausgleicht und als besonders wasserdicht gilt. Der postoperative Astigmatismus ist aber auch von dem Fadenmaterial bzw. seiner Resorbierbarkeit abhängig. Sofern es sich um nicht resorbierbare Fäden handelt, spielt es eine Rolle, ob und nach welcher Zeit der Faden gezogen wird. Eine besondere Abhängigkeit der postoperativen Hornhautverziehung ist auch von der spezifischen Operationstechnik des einzelnen Ophthalmochirurgen gegeben. Es ist bekannt, daß sich die postoperativen Hornhautverziehungen bis zu einem gewissen Grad zurückbilden. Man kann davon ausgehen, daß der Ausgleich der durch den Starschnitt verursachten Spannungen bis zu 2 Wochen postoperativ abläuft, sofern die Hornhautfäden nicht gezogen werden. Ist dieses der Fall, ergibt sich nach Entfernung der Fäden eine weitere Veränderung der Hornhautkrümmung. Eine neuartige und faszinierende Methode zur Vermeidung intraoperativer Astigmatismen ist die Verwendung eines Keratometers, das die Krümmungsverhältnisse der Hornhaut während der Nahtadaptation kontrolliert. Dieses an ein Operationsmikroskop fixierte Kontrollgerät erlaubt es, während des Knüpfvorganges durch ein stärkeres Anziehen der Fäden bzw. durch Lockerung bereits gelegter Fäden die ungleiche Wölbung der Hornhaut zu vermeiden. Außer durch Hornhautverziehung werden Astigmatismen aber auch durch den unkorrekten Sitz von intraokularen Linsen hervorgerufen. Zu große Vorderkammerlinsen, die einen dehnenden Einfluß auf das vordere Augensegment aufweisen, sind dafür verantwortlich gemacht worden. Auch Vorderkammerlinsen, die eine ungleiche Auflage der Abstützpunkte im Kammerwinkel aufweisen, können zu einem Astigmatismus führen. Es ist bekannt, daß auch kapselsackfixierte bzw. sulcusfixierte Hinterkammerlinsen zu einem Astigmatismus der Gesamtbrechkraft führen können. Dieses wird stets dann auftreten, wenn die Optik der Hinterkammerlinse nicht Irisflächen-parallel im Pupillarbereich erscheint, sondern schräg angeordnet ist.

Literatur

1) Bleckmann, H.: »Implantation of Posterior Chamber Lenses into Glaucomatous Eyes«, in Druck für J. Am. Intraocular Implant SOC

2) Bleckmann, H., Seiler, T.: »Endothelzelldefekte durch Phakoemulsifikation im Modell«, Fortschr. Ophthal., in Druck (1984)

3) Drews, R.: »Inflammatory response, Endophthalmitis, Corneal Dystrophy, Glaucoma, Retinal Detachment, Dislocation, Refractive Error, Lens Removal and Enucleation«, Ophthal. 85, 164 (1978)

4) Galin, M., Tuberville, A., Obstbaum, S., Goldstein, I.: »Why do Implants Fail?«, Trans. Ophthal. Soc. UK, 101, 84 (1981)

5) Jaffe, N., Clayman, H., »Intraocular Lenses - Secondary Membranes and Cystoid Macula Edema«, Ophthal. 85, 157 (1978)

6) Meltzer, D.: »Sterile Hypopyon Following Intraocular Lens Surgery«, Arch. Ophthal. 98, 100 (1980)

7) Nover, A., Schmitt, E.: »Zur Nachbehandlung nach intraokularer Linsenimplantation«, Z. Prak. Augenheilk. 3, 265 (1982)

8) Sugar, A., Fetherolf, E., Lin, L., Obstbaum, S., Galin, M.: »Endothelial Cell Loss from Intraocular Lens Insertion«, Ophthal. 85, 394 (1978)

9) Troutman, R., Kelly, S., Kaye, D., Clamane, C.: »The Use and Preliminary Results of the TROUTMAN Surgical Keratometer in Cataract and Corneal Surgery«, Am. Acad. Ophthal. Otolaryngol, 83, OP 232 (1977)

9. Der Hochleistungs-Laser

Bevor im folgenden Kapitel die medizinischen Indikationen und die Anwendungsweise des Hochleistungs-Lasers beschrieben werden, soll zunächst eine technische Beschreibung dieses in seiner Anwendung in der Ophthalmologie relativ jungen Gerätes gegeben werden.

Sowohl in seiner Anwendung als auch in seiner Wirkungsweise unterscheidet sich dieser Laser-Typ völlig von den bekannten ARGON- bzw. KRYPTON-Lasern. Gemeinsam ist all diesen Lasern jedoch ihr Funktionsprinzip. Ein Laser (light amplification by stimulated emission of radiation) ist ein Verstärker und wird auch mit den Kenndaten eines solchen beschrieben. Bei den optischen Lasern handelt es sich um Lichtverstärker, die elektromagnetische Strahlung ganz bestimmter Wellenlängen — üblicherweise im sichtbaren Teil des Spektrums — aufnehmen, die Energie kurzzeitig speichern und als Strahlung anderer Wellenlängen wieder abgeben. Das Laser-aktive Element, das Kernstück jeden Lasers, wird hierfür nach ganz bestimmten Kriterien ausgesucht. Üblicherweise wird die Energie dem Laser-aktiven Element durch Bestrahlen mit einer intensiven Lichtquelle (z.B. Xenon-Bogenlampe) zugeführt. Derartige (thermische) Lichtquellen emittieren üblicherweise Strahlung im gesamten sichtbaren Spektrum. Aus diesem »Pump-Licht« filtert das Laser-aktive Element Strahlung nur einer bestimmten Wellenlänge aus. Diese Strahlung wird verwendet, um Elektronen auf einen höheren Energiezustand zu heben. Da die Elektronen eines Elementes ganz bestimmte energetische Zustände haben, sind auch die energetisch benachbarten Zustände exakt definiert, und die Energiedifferenzen zwischen verschiedenen Niveaus entsprechen ebenfalls definierten Energien. Gemäß $E = H \cdot v$ (H = Plank'sches Wirkungsquantum, v = Frequenz). Damit bedarf es der Strahlung einer ganz bestimmten Frequenz oder Wellenlänge, um ein Elektron eines Elementes auf einen energetisch höheren Zustand zu heben. Fällt dieses Elektron spontan zurück, wird Strahlung der entsprechenden Wellenlänge frei. Abhängig von der Art des Elementes können nun Elektronen zum einen nur ganz bestimmte Energieniveaus einnehmen, zum anderen nur auf bestimmte energetisch niedrige Niveaus zurückfallen. Alle Laser-aktiven Elemente sind daher durch das Vorhandensein bestimmter Elektronenübergänge gekennzeichnet. Zum ersten muß über dem Grundniveau ein höheres Niveau liegen, zu dem der Übergang möglich ist. Der Rückübergang sollte jedoch nicht zum Grundniveau erfolgen, sondern zu einem Zwischenniveau. Der Übergang vom Zwischenniveau zum Grundniveau sollte dagegen ein sogenannter verbotener Übergang sein. Als Folge davon ergibt sich folgende Funktionsweise:

Die Energie der Pumpstrahlung wird benutzt, um das Elektron aus seinem Grundzustand in ein höher liegendes Energieniveau zu heben. Aus diesem Niveau fällt das Elektron nach kurzer Zeit auf das Zwischenniveau zurück und schafft damit auf dem oberen Energieniveau Platz für weitere hochgepumpte Elektronen. Da der Übergang vom Zwischenniveau zum Grundniveau ein sogenannter verbotener Übergang ist, erfolgt der Übergang auf das Grundniveau nicht spontan, sondern erst nach relativ großer Zeit, wenn das Zwischenniveau mit vielen Elektronen angefüllt ist. Diesen Vorgang nennt man Inversion der Ladungsträger, da das normale Verhältnis von Elektronen im Grundzustand zu solchen im angeregten Zustand umgekehrt wird, indem die Zahl der Elektronen im angeregten Niveau künstlich erhöht wird. Der Vorgang, der nun zu einer Entleerung aus dem Zwischenniveau in das Grundniveau führt, ist die sogenannte induzierte Emission, die bereits 1925 von EINSTEIN beschrieben wurde. Die ersten Übergänge erfolgen nach hoher Inversion spontan. Die dabei ausgesendete Energie und damit Wellenlänge entspricht exakt der Differenz der Energieniveaus zwischen den beiden Übergängen. Trifft diese Strahlung auf weitere Elektronen, die sich im Zwischenniveau befinden, fallen auch diese auf ihr Grundniveau zurück und senden dabei Strahlung der gleichen Wellenlänge aus. Bei diesem Vorgang der induzierten Emission befinden sich alle Strahlungsanteile in Phase, und die Vektoren ihrer Feldstärke schwingen in einer Ebene, d.h., es handelt sich um kohärente Strahlung. Durch den beschriebenen Vorgang der induzierten Emission verstärkt sich die Strahlung lawinenförmig, immer wenn ein weiteres im Zwischenniveau befindliches Elektron getroffen wird. Um den ganzen Vorgang auszunützen, wird das Laser-aktive Medium in einer Anordnung zwischen zwei parallele Spiegel angebracht, so daß die Strahlung, wenn sie das Laser-aktive Material verläßt, an einem Spiegel reflektiert wird, erneut in das Medium eintritt und dort wiederum Elektronen anregt, aus dem Zwischenniveau auf das Grundniveau herunterzufallen. Auf diese Weise bewegt sich das Lichtbündel ständig zwischen den beiden Spiegeln hin und her. Um die Strahlungsenergie nutzen zu können, wird einer der beiden Spiegel teildurchlässig gemacht (meistens mit einer Reflektion von 98 %), und der ausgekoppelte Strahlungsanteil stellt den Laserstrahl dar. Abhängig von der Zahl der Niveaus — im oben beschriebenen Fall handelt es sich um drei — spricht man von 2, 3, 4 oder mehr Niveau-Lasern.

Während der oben beschriebene Laser als sogenannter Dauerstrich-Laser funktioniert (da nur 2 % der Strahlungsenergie ausgefiltert werden), bleibt immer genügend Strahlungsenergie zwischen den beiden Spiegeln und im Laser-aktiven Medium zurück, um zusammen mit der Pumplichtquelle, die kontinuierlich arbeitet, den Laser funktionell zu erhalten. Bei einer anderen Art von Lasern erzeugt man Lichtpulse sehr hoher Energie durch eine zusätzliche Einrichtung. Prinzipiell wird die die Emission induzierende Strahlung durch ein Hilfsmittel solange blockiert, bis sich die Inversion der Ladungsträger zu einem sehr hohen Grad aufgebaut hat. In diesem Moment wird die Energie kurzzeitig freigegeben, so daß sich der oben beschriebene Vorgang der induzierten Emission in sehr kurzer Zeit abspielt, wodurch ein kurzer Lichtpuls mit sehr hoher Energie entsteht. Zu diesem Zweck werden üblicherweise zwei unterschiedliche Vorrichtungen benutzt. Die eine, die sogenannte POCKELS-Zelle, besteht aus einem Medium, das nach Anlegen einer äußeren elektrischen Spannung die Polarisationsrichtung von durchtretendem Licht dreht. Verwendet man nunmehr im Strahlengang zwischen den Spiegeln zusätzlich zu der erwähnten POCKELS-Zelle ein Polarisationsfilter, so geschieht folgendes: Wie bereits erwähnt, erzeugt ein Laser polarisiertes Licht. Dieses Licht passiert nun nach Verlassen des Laser-aktiven Mediums das Polarisationsfilter, in der POCKELS-Zelle wird die Polarisationsrichtung gedreht, das Licht geht weiter bis zum Spiegel, wird dort reflektiert, passiert die POCKELS-Zelle, wobei die Polarisationsrichtung noch einmal gedreht wird. Bei richtiger Auslegung der Zelle ist die Polarisationsrichtung des Lichtes nunmehr bei Erreichen des Polarisationsfilters um ca. 90° gedreht, wodurch eine vollständige Sperrung stattfindet. Dieser Zustand wird aufrechterhalten, bis die Inversion der Ladungsträger im Laser-aktiven Medium in größtmöglicher Höhe erreicht worden ist. Danach wird ein kurzer Spannungsimpuls an die POCKELS-Zelle angelegt, wodurch die Polarisationsrichtung so gedreht wird, daß der Polarisationsfilter passierbar wird. Jetzt wird durch den unmittelbar einsetzenden lawinenartigen Effekt die Inversion der Ladungsträger mittels induzierter Emission schlagartig abgebaut, und ein Lichtimpuls sehr hoher Energie wird freigesetzt. Die Pulsdauern, die auf diese Weise zu erreichen sind, liegen in der Größenordnung von 10 - 50 ns.

Die zweite Möglichkeit ist die Verwendung eines Farbstoffes, der für Strahlung der Laserwellenlänge normalerweise undurchlässig ist. Erst, wenn die Strahlung eine bestimmte Intensität erreicht, bleicht dieser Farbstoff kurzzeitig aus, regeneriert sich jedoch unmittelbar danach wieder, so daß auch hierbei ein kurzer Strahlungsimpuls sehr hoher Energie freigesetzt wird. Die Pulszeiten, die in diesem Falle zu erreichen sind, liegen um 3 Zehner-Potenzen niedriger als bei dem oben beschriebenen sogenannten Q-switch-Prinzip (Q = quality, Güte. Diese etwas ungewöhnliche Bezeichnung bezieht sich auf die Kenndaten des Verstärkers, der im Prinzip aus einem zweispiegeligen Resonator besteht. Beim Resonator wird die sogenannte Resonatorgüte beschrieben. Wird in den Resonator ein sperrendes Element eingebracht, so wird mit dieser Maßnahme die Resonatorgüte gesenkt.)

Auf die oben beschriebene Weise funktioniert nun auch der in der Ophthalmologie verwendete Hochleistungs-Neodymium-YAG-Laser. Das Laser-aktive Element ist in diesem Fall das Neodymium, das in Glas oder einem YAG-(Ytrium-Aluminium-Garnet) Kristall eingebettet ist. Üblicherweise kommen zwei unterschiedliche Lasertypen zur Anwendung, nämlich der sogenannte Q-switch-Laser, der nach dem erstgenannten Prinzip arbeitet, oder der sogenannte Picosekunden-Laser, der wesentlich kürzere Lichtpulse unter Verwendung der oben beschriebenen zweiten Lösung erzeugt. Diese beiden Laser arbeiten nun auf vollständig andere Weise als die ansonsten in der Ophthalmologie bekannten ARGON- oder KRYPTON-Laser. Während die beiden letztgenannten auf rein thermischer Basis arbeiten, d.h. das getroffene Gewebe durch Absorption der Lichtenergie aufheizen, arbeiten die Hochleistungslaser mit ihren kurzen Lichtpulsen unterschiedlich. Bei beiden Lasertypen wird der Lichtstrahl auf einen sehr kleinen Fokus (üblicherweise ca. 50 μm) fokussiert. Für die sehr kurze Dauer des Lichtpulses treten daher in einem räumlich sehr kleinen Gebiet sehr hohe Leistungsdichten auf. Die Leistungsdichte ist definiert als (Formel 9.1).

$$L = \frac{E}{F \quad T}$$

Formel 9.1

L = Leistungsdichte
E = Laserenergie
T = Zeit
F = Fokusdurchmesser

Da jede elektromagnetische Strahlung in einem Medium ein elektrisches Feld erzeugt, tritt somit im Fokus des Laserstrahls eine sehr hohe elektrische Feldstärke auf. Das elektrische Feld übt aber eine Wirkung auf die umgebende Materie aus in der Gestalt, daß im elektrischen Feld eine Polarisierung stattfindet, wodurch auf Elektronen und Restionen entgegengesetzt gerichtete Kräfte ausgeübt werden. Übersteigt die elektrische Feldstärke einen bestimmten Wert, kann diese Kraft groß genug sein, um Elektronen aus den äußeren Hüllen eines Atoms herauszulösen und somit positiv und negativ geladene Teilchen zu erzeugen. Diesen Zustand der Materie nennt man Plasma. Hat dieser beschriebene Vorgang einmal begonnen, wird in kurzer Zeit auch ohne Steigerung der Feldstärke mehr Plasma erzeugt, da zwischen Elektronen bzw. Ionen und noch intakten Atomen Stöße stattfinden, die die Ionisierung beschleunigen. Wird dieser beschriebene Vorgang mit Hilfe von elektromagnetischer Strahlung im sichtbaren Bereich, d.h. durch Lichtstrahlung, hervorgerufen, spricht man auch von einem »optical breakdown«.

Die Plasmaerzeugung ist somit primär kein thermischer Vorgang. Die Wirkung, die durch sie ausgeübt wird, beruht darauf, daß durch die Trennung von Elektronen und Restionen in kürzester Zeit eine Volumenvergrößerung stattfindet, die im umgebenden Medium eine Stoßwelle erzeugt. Diese Stoßwelle breitet sich kugelförmig vom Ort der Plasmaentstehung aus und kann, wenn sie hoch und steil genug ist, auf das umgebende Medium eine mechanische, zerstörende Wirkung ausüben. Der Unterschied in der Plasmaerzeugung zwischen einem Q-switched- und einem Picosekundenlaser (auch Mode-locked-Laser genannt) besteht in der unterschiedlichen Einwirkungszeit der Strahlung. Wie bereits erwähnt, ist die Pulsdauer bei einem Mode-locked-Laser in der Größenordnung von 3 10er Potenzen niedriger als bei einem Q-switched-Laser. Dafür ist andererseits die Energie bei allen Q-switched-Lasern in der Größenordnung von etwa einer 10er Potenz höher als bei einem Mode-locked-Laser. Das Herbeiführen des optical breakdown, der Einsatzpunkt der Plasmaformierung, hängt also von der Leistungsdichte ab, die beim Mode-locked-Laser nach den oben gemachten Ausführungen ca. 2 10er Potenzen größer ist als bei einem Q-switched-Laser. Der Mode-locked-Laser führt daher mit größerer Sicherheit Plasmabildung, d.h. den optical breakdown, herbei. Die Gesamtmenge des erzeugten Plasmas ist dagegen bei einem Q-switched-Laser größer, da die im Lichtpuls vorhandene Energie größer ist als bei einem Mode-locked-Laser. Damit ist auch die Höhe der Stoßwelle größer, und der Q-switched-Laser muß mit großer Vorsicht eingesetzt werden. Beide Laser haben aufgrund von Realeffekten die Eigenschaft, daß der Ort, an dem die Plasmaformierung einsetzt, nicht exakt vorhersagbar ist. Durch die Fokussierung des Laserstrahls entsteht ein doppelkegelförmiger Strahlabschnitt mit einer Länge von ca. 1 mm beim Mode-locked-Laser und bis zu 3 mm beim Q-switched-Laser, in dem an jeder möglichen Stelle die Plasmaformierung und somit das Zentrum der sich bildenden Stoßwelle liegen kann. Wie der Weg, den ein überschlagender Funke zwischen zwei elektrisch geladenen Spitzen nimmt, nicht exakt vorherzusagen ist, so ist auch die Stelle der beginnenden Plasmabildung nicht genau zu bestimmen. In jedem Fall wird beim ophthalmochirurgischen Einsatz die Energie der sich bildenden Stoßwelle benutzt, um wunschgemäß Gewebe im Auge zu zerstören.

10. Klinische Anwendung des YAG-Lasers

Die beim »Optical Breakdown« entstehende Druckwelle bewirkt eine Durchtrennung, eine Retraktion oder eine Fragmatisierung des Gewebes. Die Gewebedurchtrennung ist außer von den physikalischen Eigenschaften der YAG-Laserapplikation, wie Spotgröße und Energie, auch abhängig von der Spannung des im »optical breakdown« befindlichen Gewebes. Das erklärt, daß die Eröffnung durch eine einzelne YAG-Laserapplikation sehr viel größer ausfallen kann als dies aufgrund der erzeugten Stoßwelle erwartet werden könnte, und zwar wird sich die Erweiterung immer im rechten Winkel zu den vorhandenen Spannungslinien ausdehnen. Die Retraktion des durchtrennten Gewebes kann sich auch noch Stunden nach der YAG-Laserapplikation fortsetzen, so daß sich einen Tag nach der YAG-Laserbehandlung deutlich größere Effekte zeigen als am Behandlungstag. Die Zertrümmerung von Gewebe durch YAG-Laserapplikation läßt sich deutlich nachweisen, wenn eine Fokussierung in den vorhandenen Rindenresten der Linse vorgenommen wird. Dabei entwickeln sich Eruptionen, aus denen das fragmentierte Linsenmaterial staubförmig in die Vorderkammer gelangt.

Prinzipiell können die YAG-Lasereffekte ohne weitere Zusatzeinrichtungen am Auge angewendet werden. Es gibt jedoch eine Reihe von Gründen, die bei YAG-Laserapplikation den Gebrauch eines Kontaktglases empfehlen: die Motilität des Auges wird durch den Aufsatz eines Kontaktglases eingeschränkt; die für die YAG-Laserapplikation notwendige Fokussierung wird dabei weniger durch die Blickänderungen gestört als vielmehr durch feine sakkadenartige Bewegungen. Durch Adhäsion des Auges am Kontaktglas lassen sich diese einschränken. Auch eine Behinderung der YAG-Laserapplikation durch plötzlichen Lidschluß kann mit einem eingesetzten Kontaktglas verhindert werden. Wichtiger aber sind optische Gründe, die die Verwendung eines Kontaktglases sinnvoll machen. Durch eine verstärkte optische Brechung (ca. 66 D) kommt es zu einer Steigerung der Intensität durch Verkleinerung des Fokus. Dadurch ergibt sich eine größere Effektivität des YAG-Lasers in dem zu durchtrennenden Areal. Zusätzlich ergibt sich durch Lupeneffekt des Kontaktglases eine Vergrößerung für den Betrachter, so daß sich der Fokus mit dem Zielstrahl leichter einstellen läßt. Weitere Gründe für die Verwendung eines Kontaktglases sind der Ausgleich cornealer Astigmatismen, die zur Verbreiterung des Fokus führen. Schließlich ist auch die Oberfläche der Hornhaut weit weniger glatt als die mit einer Kunststoffbeschichtung versehene Fläche eines Kontaktglases.

Mit dem beschriebenen Kontaktglas (z.B. ABRAHAM-Kontaktglas) lassen sich die YAG-Laserapplikationen vom Pupillarbereich bis in die mittlere Peripherie ohne wesentliche Verzerrung anbringen. Für Eingriffe im Kammerwinkel jedoch sind spezielle Kontaktgläser notwendig, um einen nicht verzerrten Fokus zu erhalten. Diese Kontaktgläser bestehen im wesentlichen aus einem Gonioskop, bei dem sich ein konvexer Lupenteil über der reflektierten Fläche befindet. Außerdem existieren verzerrungsfreie Kontaktgläser, speziell für Arbeiten im Kammerwinkel.

10.1. Vorbereitung des Patienten

Nach Aufklärung des Patienten über das geplante Vorhaben soll er darauf hingewiesen werden, daß nach der Laserapplikation eine medikamentöse

Behandlung erforderlich werden kann, wenn es zu einer sekundären Drucksteigerung kommt.

Eine Pupillenerweiterung ist nicht nötig, wenn ausschließlich eine Durchtrennung der hinteren Kapsel erfolgen soll. Eine Eröffnung der hinteren Kapsel über die Pupillenweite hinaus hat für die Sehschärfe keinen Einfluß mehr. Andererseits kann die Erweiterung der Pupille vorteilhaft werden, wenn Spannungslinien der hinteren Kapsel dargestellt werden sollen, um die Anzahl der zu applizierenden YAG-Lasereffekte zu vermindern.

Glaskörper-Adhäsionen, die über den Pupillarrand zum Starschnitt reichen, lassen sich bei nicht erweiterter Pupille unter Ausnutzung ihres Zugeffektes leichter durchtrennen. Eine Pupillenerweiterung ist jedoch unabdingbar, wenn Stränge im Glaskörperraum angegangen werden müssen. Zur Vorbereitung des Patienten ist darüber hinaus lediglich eine lokale Anästhie zum Aufsetzen des Kontaktglases notwendig.

10.2. Klinischer Gebrauch

Der gezielte Effekt eines optical breakdown zum Durchtrennen von okulären Geweben setzt eine präzise Fokussierung des YAG-Lasers voraus. Da die YAG-Laser-Strahlen nicht sichtbar sind, wird zur Hilfe einer genauen Fokussierung der Zielstrahl z.B. eines ARGON- oder Helium-Neon-Lasers verwendet. Eine punktuelle Einstellung des YAG-Lasers und damit die größte Effektivität wird immer dann erreicht, wenn die Applikation parallel zur optischen Achse verläuft. Bei schräg zur optischen Achse verlaufender Fokussierung ergibt sich eine keulenförmige Verziehung des Plasmas, so daß vor oder hinter dem Fokus liegende Elemente beschädigt werden können. Bei der Fokussierung mit Hilfe des sichtbaren Zielstrahles ist daran zu denken, daß der Fokus des YAG-Lasers in der Regel dahinter liegt, und zwar nimmt die Entfernung vom Fokus des Zielstrahles mit zunehmender Tiefe innerhalb des Auges zu, was durch chromatische Aberration zu erklären ist. Sichtbare Opazitäten vor dem Fokus, wie Hornhautnarben und Hämorrhagien in der Vorderkammer, sind für die Effektivität des YAG-Lasers von geringerer Bedeutung als nach dem verminderten Einblick erwartet werden könnte; eine Erklärung dafür bietet das RALEIGH'sche Gesetz, nach dem sich die Streuung von Lichtwellen als reziproker Wert des exponentiellen Wellenlängenwertes erklärt.

10.3. YAG-Laser-Behandlung bei Aphakie

Bei aphaken Patienten ohne Linsenimplantation können Pupillarmembranen und Trübungen der hinteren Kapsel die Behandlung mit dem YAG-Laser erforderlich machen. Obwohl es für die zentrale Sehschärfe unerheblich ist, in welchem Ausmaß eine Öffnung in der optischen Achse erfolgt, ist es ratsam, einen Durchmesser von 2 - 3 mm anzustreben. Es empfiehlt sich, vor der Behandlung einen Überblick über die geringer fibrosierten Areale der zu behandelnden Fläche zu erhalten, um eventuell vorhandene Spannungsverläufe auszumachen. Auf diese Weise ist es möglich, durch eine geringe Anzahl von YAG-Lasereffekten bereits eine ausreichende Öffnung im Bereich der optischen Achse herzustellen bzw. die Anzahl der Applikationen zu vermindern. Für die Behandlung von Pupillarmembranen empfiehlt sich, vor der Behandlung die

Pupille zu erweitern, um die Membran unter Spannung zu setzen. Es gelingt dadurch in einigen Fällen, punktförmige Eröffnungen der Membran unter Ausnutzen der Mydriasis so zu erweitern, daß eine freie optische Achse entsteht.

Bei der Behandlung der hinteren Kapsel ist, sofern die Kapsel keine ausgeprägten Fibrosen aufweist, eine zentrale Öffnung mit 10 - 15 Effekten zu erreichen. Sind jedoch im Bereich der hinteren Kapsel dichte Opazitäten zu erkennen, die auch keine Tendenz zeigen, nach einer einmaligen YAG-Laserapplikation weiter zu reißen, können 80 - 100 Applikationen notwendig werden. In diesen Fällen ist es angezeigt, die Öffnung der hinteren Kapsel auf mehrere Sitzungen zu verteilen. Es ist anzunehmen, daß mit zunehmender Anzahl von YAG-Laserapplikationen auch die Gefahr einer sekundären Druckerhöhung steigt, obwohl auch andere Faktoren in dieser Hinsicht eine Rolle spielen können. Die sekundäre Druckerhöhung nach YAG-Laserbehandlung tritt Stunden nach der Applikation auf, jedoch nicht in allen Fällen, so daß eine generelle Behandlung aller Patienten vor YAG-Laser-Behandlung etwa mit Karboanhydrasehemmern nicht sinnvoll erscheint. Wird jedoch am Tag der Behandlung ein erhöhter intraokularer Druck festgestellt, kann zunächst der Versuch einer Betarezeptorenbehandlung unternommen werden. Ist die Drucksteigerung damit nicht zu beherrschen, kann vorübergehend auch ein Karboanhydrasehemmer eingesetzt werden. Grundsätzlich muß darauf geachtet werden, daß bei jedem Patienten, der mit einem YAG-Laser behandelt worden ist, am Tag nach der Behandlung eine Kontrolle des intraokularen Druckes erfolgt. Das Auftreten einer Vorderkammerreaktion nach YAG-Laserbehandlung kann durch lokale Applikation kortisonhaltiger Tropfen vermindert werden.

10.4. YAG-Laserbehandlung mit Vorderkammerlinsen

Wird nach einer extrakapsulären Kataraktextraktion mit Vorderkammerlinsen eine Fibrosierung der hinteren Kapsel beobachtet, läßt sich diese wie bei der Aphakie durchtrennen. Dabei ist die Gefahr einer Beschädigung der Vorderkammerlinse durch den großen Abstand zur hinteren Kapsel äußerst gering.

10.5. YAG-Laserbehandlung mit Hinterkammerlinsen

Besonders schwierig ist die hintere Kapsulotomie bei Hinterkammerlinsen. Weitere Unterschiede ergeben sich in dieser Hinsicht noch bezüglich der Fixation der Hinterkammerlinse als Sulcus- bzw. Kapselsackaufhängung. Dabei sind die kapselsackfixierten Linsen in der Regel in unmittelbarem Kontakt zur hinteren Kapsel. Die Entfernung der hinteren Kapsel von der Hinterkammerlinse ist jedoch auch abhängig vom Design der Linse. Neben den gewöhnlichen plankonvexen Formen der Optik sind inzwischen auch konkav-konvexe Optiken entwickelt worden, so wie Abstandshalter (Laser-Spacer), die sich in Form einzelner Blöcke auf dem äußeren hinteren Rand der Linse befinden. Ebenso werden auch durchgehende, ringförmige »Laser-Spacer« verwendet. Nach neueren Erkenntnissen müssen die Abstandshalter mindestens eine Höhe von 0,3 mm haben, um wirksam werden zu können. Schließlich sei noch darauf hingewiesen, daß auch das Material und mögliche UV-Absorber einer Linse einen Einfluß auf die Empfindlichkeit YAG-Laserapplikation hat. Unterschiede ergeben sich auch durch das Molekulargewicht des PMMA, das das am weitesten verbreitete Material für die Optik einer Linse ist. Glaslinsen sind für die YAG-Laserbehandlung am wenigsten geeignet, da sie nach YAG-Laserbehandlung Sprünge aufweisen und es zum Auseinanderbrechen der Optik kommen kann. Im Gegensatz dazu scheinen Silicon-Linsen weniger empfindlich zu sein als das gebräuchliche PMMA; es liegen jedoch über dieses Material als intraokulare Linsen noch keine ausreichenden Befunde vor; auch werden Silicon-Linsen bisher nur von ganz wenigen Operateuren implantiert.

Am Beginn der Durchtrennung einer hinteren Kapsel in Gegenwart einer Hinterkammerlinse ist es ratsam, den am wenigsten getrübten und zum Pupillarrand gelegenen Anteil einer Kapsel für die erste Applikation auszuwählen. Dadurch ergibt sich die Möglichkeit, die Kapsel möglichst weit einzureißen, so daß die hintere Kapsel von der Hinterkammerlinse abrückt. Zum anderen wird durch die periphere Lage des YAG-Laserbeginns eine Beteiligung der Hinterkammerlinse ausschließlich außerhalb der optischen Achse möglich. In günstigen Fällen flottiert bereits nach der ersten Laserapplikation die hintere Kapsel so weit in den Glaskörperraum, daß eine für die Hinterkammerlinse ungefährliche weitere YAG-Laserbehandlung glaskörperwärts fortgeführt werden kann. Die Anzahl der YAG-Laserapplikationen zur Durchtrennung der hinteren Kapsel ist abhängig vom Grad ihrer Veränderung sowie von der Erfahrung des Ausführenden. Jedoch ist es ratsam, auch bei der hinteren Behandlung von getrübten Kapseln mit Hinterkammerlinsen nicht mehr als 80 - 100 Applikationen vorzunehmen. In vielen Fällen wird sich ein bis zwei Tage nach der ersten Sitzung das zunächst erreichte Ergebnis wesentlich verbessert haben, so daß sich eine weitere Behandlung erübrigt.

10.6. Vorderkapsulotomie

YAG-Laserapplikationen eignen sich auch zur Eröffnung der vorderen Kapsel. Obwohl es gewichtige Gründe dafür gibt, eine vordere Kapsulotomie 24 Stunden vor der Kataraktextraktion mit Zurückhaltung zu betrachten, wird die vorzeitige Kapseleröffnung von einigen Mikrochirurgen bereits eingesetzt. Vorteile der vorderen Kapsulotomie mit YAG-Laserbehandlung bestehen in einem schnelleren Ablauf der Kataraktextraktion, genauer Positionierung der Eröffnungs-Effekte, Kapseleröffnung ohne Anspannung der Zonulafasern (z.B. bei subluxierter Linse) und Quellung der Rindenpartien, die bei der extrakapsulären Kataraktextraktion den Kern leichter in die Vorderkammer bringt und die Linsenreste leichter absaugen läßt.

Gegengründe zur vorzeitigen Kapsulotomie mit YAG-Laserapplikationen bestehen in der Möglichkeit einer sekundären Drucksteigerung, einem mit jedem YAG-Laser-Einsatz verbundenen Endothelzellverlust und dem Auftreten eines Vorderkammerreizzustandes; besonders problematisch ist eine vordere Kapsulotomie mit dem YAG-Laser, da der Operateur im Anschluß an die YAG-Laserbehandlung eine Operation ausführen muß, auch wenn aus nicht-ophthalmologischen Gründen die Kataraktextraktion abgesetzt werden muß.

10.7. Weitere Indikationen für YAG-Laser

Weitere Indikationen für YAG-Laserbehandlungen bestehen in einer Corepraxie. YAG-Lasereffekte lassen sich am Irisgewebe anbringen. Sie lassen sich bei einem Pupillarblock mit hinteren Synechien zwischen dem Pupillarrand und der hinteren Kapsel bei einem aphaken Auge bzw. zwischen Pupillarrand und implantierter Linse bei einem pseudophaken Auge ausführen.

Grundsätzlich läßt sich mit dem YAG-Laser auch eine Iridektomie ausführen, obwohl der Eingriff auch durch ARGON-Laserkoagulationen vollzogen werden kann. Da YAG-Laserapplikationen ohne jeden Koagulationseffekt ablaufen, besteht jedoch stets die Gefahr einer Gefäßeröffnung mit nachfolgender Sanguination. Werden die YAG-Lasereffekte in unmittelbarer Nähe anderer Gewebe ausgeführt, muß mit Beschädigung gerechnet werden; in diesem Fall mit Endothelzellverlust und Beschädigung der vorderen Linsenkapsel.

Sofern eine Pupillenverlagerung durch vitreo-corneale Adhäsionen hervorgerufen wird, kann der Versuch unternommen werden, diese meist breit angelegten Verbindungen mit YAG-Lasereffekten zu lösen. Die Lokalisierung der YAG-Lasereffekte dieser zum Teil schwer sichtbaren Membranen ist oft schwierig. Es werden viele Einzeleffekte notwendig, um die breiten Verbindungen zu lösen. Werden die Verbindungen sehr nahe am Endothel gelöst, ist daran zu denken, daß durch den optical breakdown auch corneale Endothelzellschäden hervorgerufen werden können, selbst wenn sich diese in der optischen Achse nicht sofort auswirken.

Literatur

1) Aron-Rosa, D. (Editor): »Pulsed YAG Laser-Surgery«, Slack, Inc., 6900 Grove Rd., Thorofare, New Jersey, USA (1983)

2) Aron-Rosa, D., Aron J., Griesemann, M., Thyzel, R.: »Use of the Neodymium-YAG Laser for Anterior Capsulotomy before Extracapsular Cataract Extraction«, J. Am. Intraocular Implant Soc., 7, 332 (1981)

3) Aron-Rosa, D., Aron, J., Griesemann, M.: »Use of the Neodymium-YAG Laser to Open the Posterior Capsule after Lens Implant Surgery: A Preliminary Report«, J. Am. Intraocular Implant Soc., 6, 352 (1980)

4) Fankhauser, F., Lörtscher, H., V.D. Zypen, E., McCord, R.: »The Microruptor — A New High Power Laser Apparatus for the Treatment of the Anterior and Posterior Segments of the Eye«, Docum. Ophthal. Proc. Ser., Vol. 36 (1983)

5) Fankhauser, F., Lörtscher, H., V.D. Zypen, E.: »Clinical Studies on High Power Laser Radiation upon some Structures of the Anterior and Posterior Segments of the Eye«, Int. Ophthal. 5, 15 (1982)

6) Harris, W., Kogan, J.: »Retrospective Study of Retinal Complications with Posterior Chamber Lenses«, Cont. Intraocul. Lens Med. J. 7, 341 (1981)

7) Riquin, D., Fankhauser, F., Lörtscher, H.: »Contact Glasses for Use with High Power Lasers. Two New Contact Glasses for Microsurgery at the Iris, in the Pupillary and Retropupillary Space«, Int. Ophthal., 6 (1983)

8) Trokel, S.L.: »YAG Laser Ophthalmic Microsurgery«, Appleton-Century-Crofts, Division of Prentice-Hall, Inc., 25 Van Zant Street, East Norwalk, Connecticut 06855, USA

9) Wizemann, A., Jacobi, K.: »Nd-YAG-Laser-Kapsulotomie bei Intraokularlinsen mit inverser Optik«, Klin. Mbl. Augenheilk., 184, 175 (1984)

Sachwortverzeichnis

Katarakt-Chirurgie im Bild

1.
OP-Vorbereitung

2.
Kapsulotomie

3.
Extrakapsuläre
Kataraktextraktion

4.
Phako-Emulsifikation

5.
Implantation einer
starren Vorderkammerlinse

6.
Implantation einer
flexiblen Vorderkammerlinse

7.
Implantation einer
Hinterkammerlinse
nach SINSKEY oder KRATZ

8.
Implantation einer
Hinterkammerlinse
nach SIMCOE

1.
OP-Vorbereitung

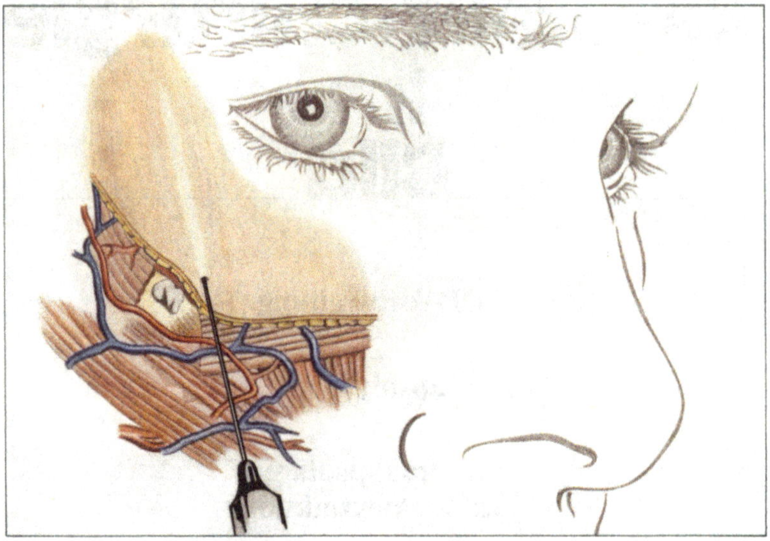

Facialisblockade: 1,5 ml 1- oder 2 %iges depolarisierendes Leitungsanästhetikum über dem Unterkiefergelenk

Anästhesie des Ganglion ciliare: 2,5 ml 1- oder 2 %iges Leitungsanästhetikum mit Hyaluronidase-Zusatz

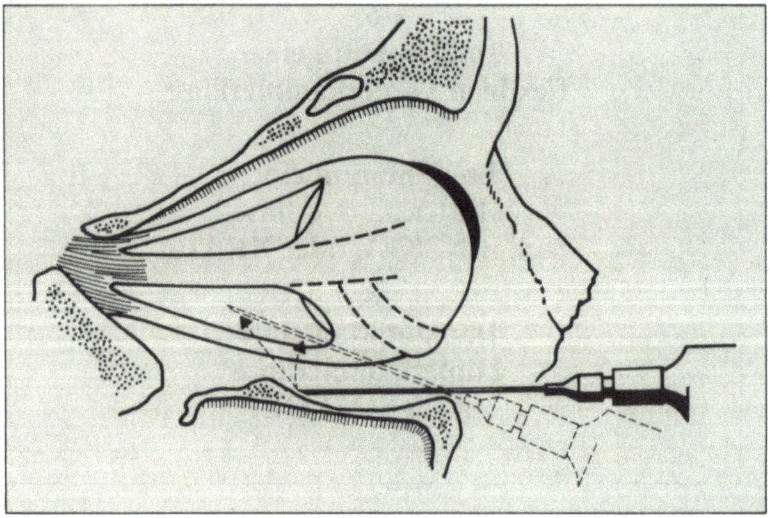

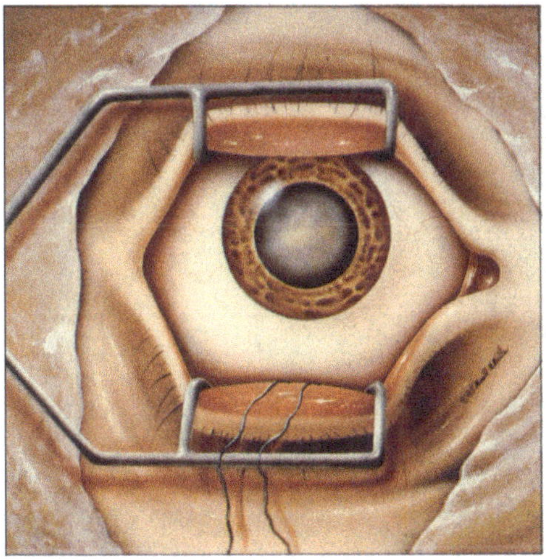

Einsetzen eines Barraquer-Lidsperrers

Darstellung des Ansatzes des M. rect. sup. zum Anlegen einer Zügelnaht

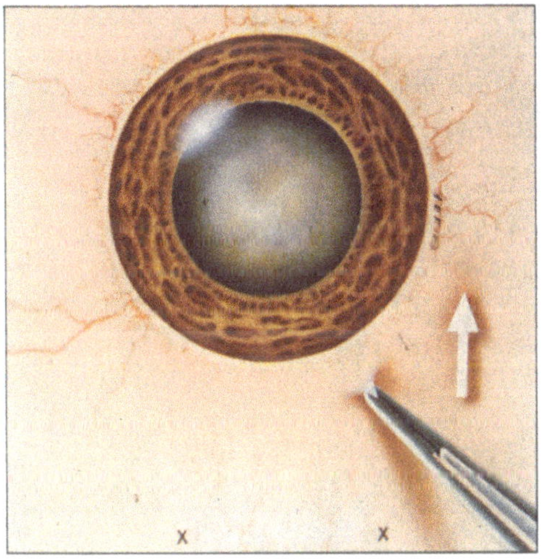

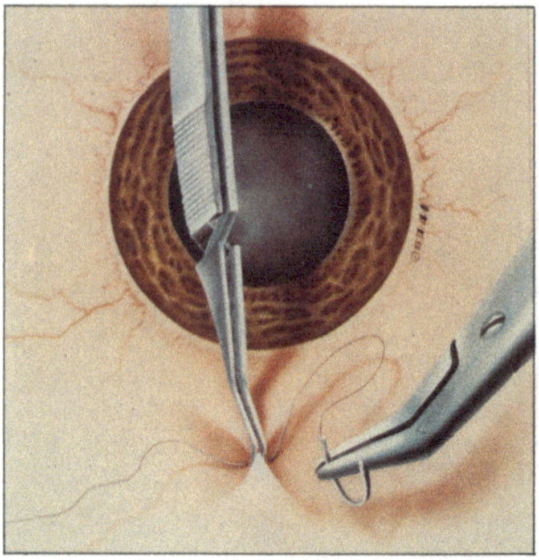

Fassen des Muskels und Legen einer Zügelnaht (Suturamid-Naht)

Ausmessen des Weiß-zu-Weiß-Durchmessers mit dem Meßzirkel

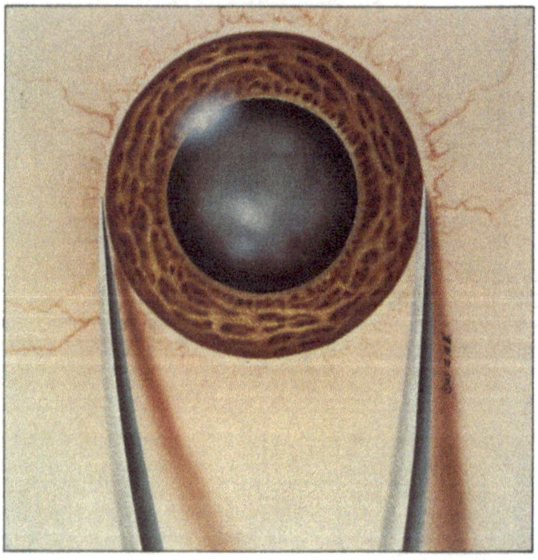

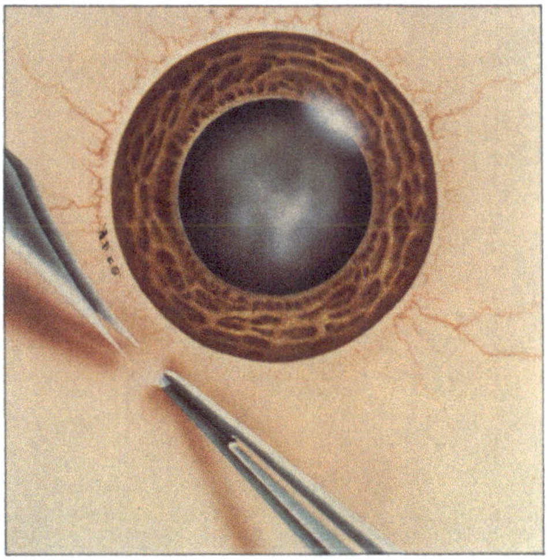

Peritomie im Operationsbereich

Weitere Eröffnung der Bindehaut am Limbus mit der Bindehautschere

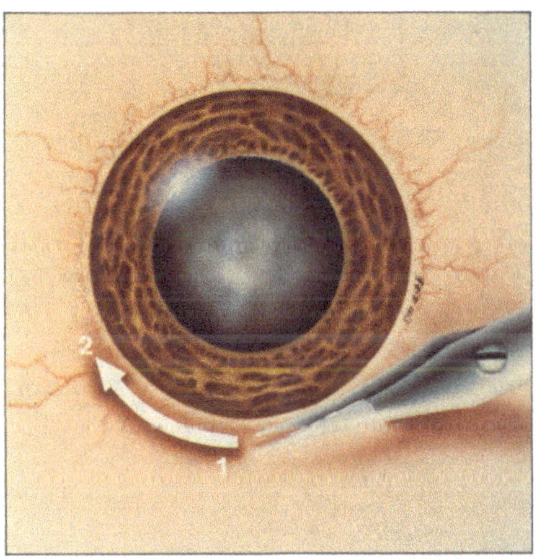

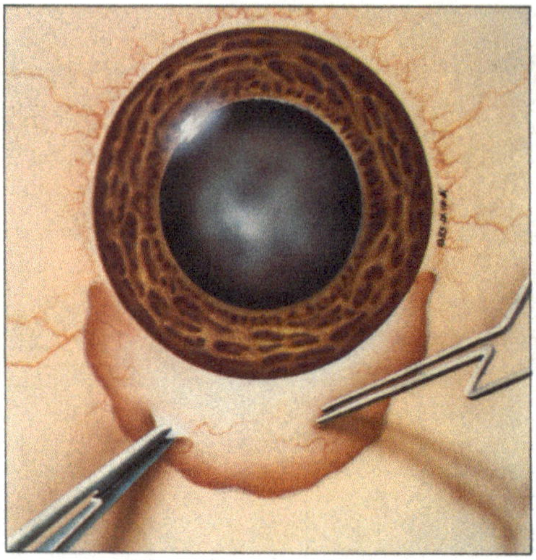

Kauterisation subkonjunktivaler Gefäße mit dem Wetfield-Kauter

Anlegen eines Zweistufen-Schnittes im Corneroskleral-Bereich in vertikaler und horizontaler Schnittebene

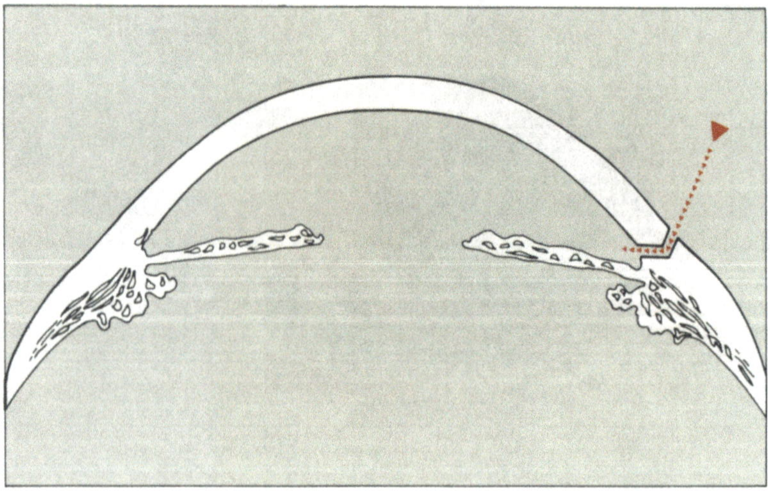

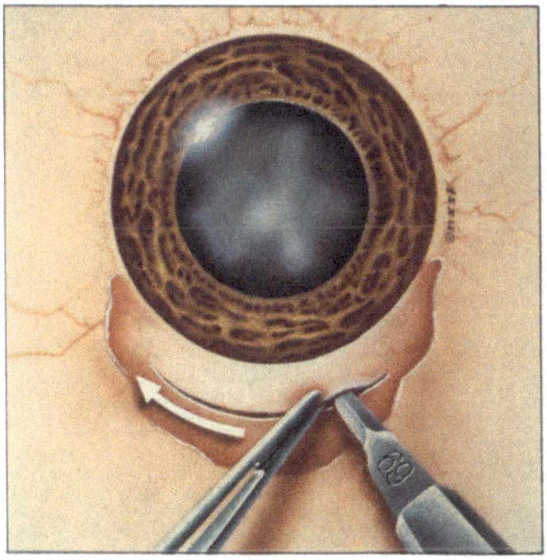

Polieren des Starschnitts

Punktförmige Eröffnung der Vorderkammer mit der Rasierklinge

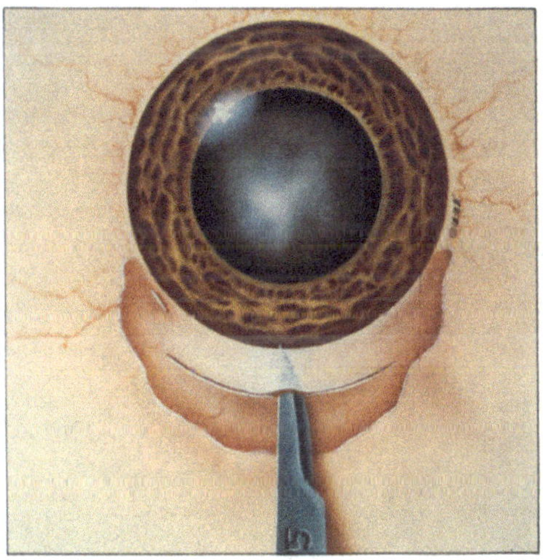

2.
Kapsulotomie

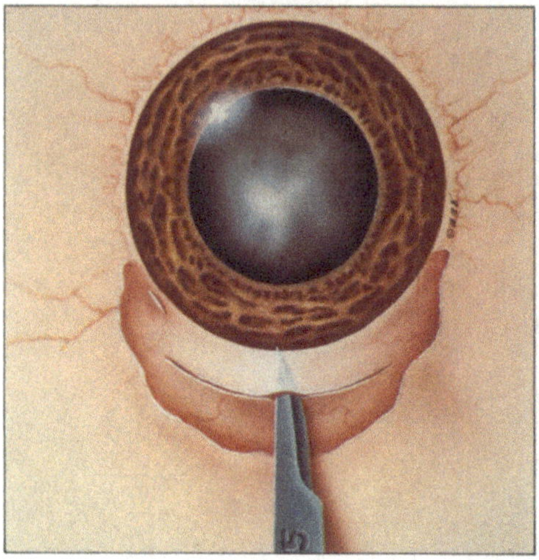

Punktförmige Eröffnung der Vorderkammer mit der Rasierklinge

Einführen des Spül-Cystotoms in den Starschnitt

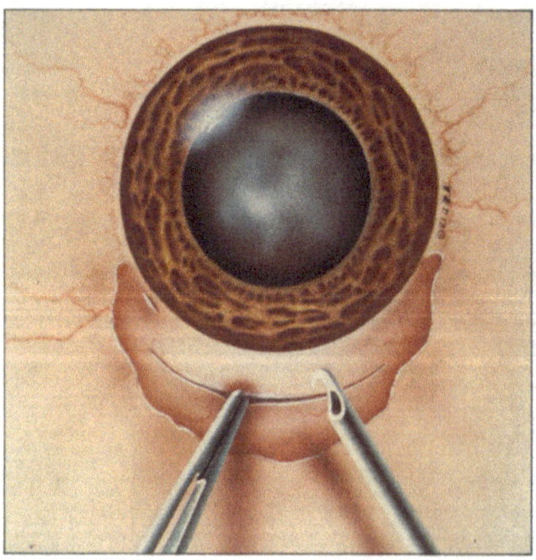

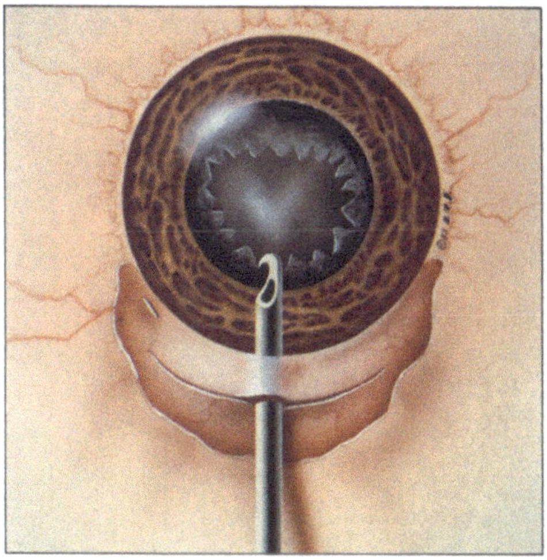

Eröffnung der vorderen Kapsel am Pupillarrand (Can-Opener-Technik)

3.
Extrakapsuläre Kataraktextraktion

Luxation des Linsenkerns nach kaudal

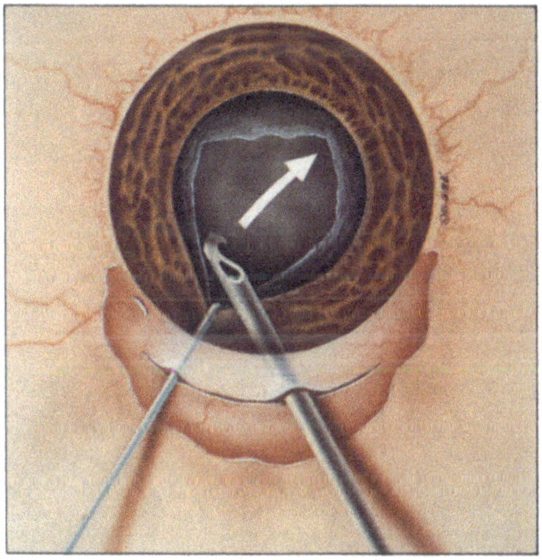

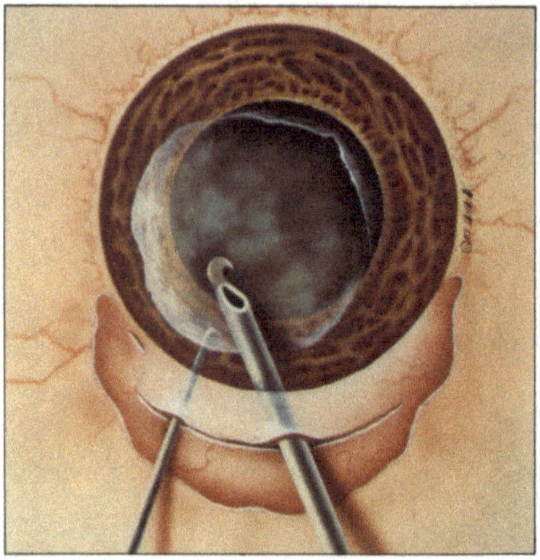

Luxation des Kerns in die Vorderkammer mit dem Cystotom

Einführen der Spülschlinge in den Starschnitt

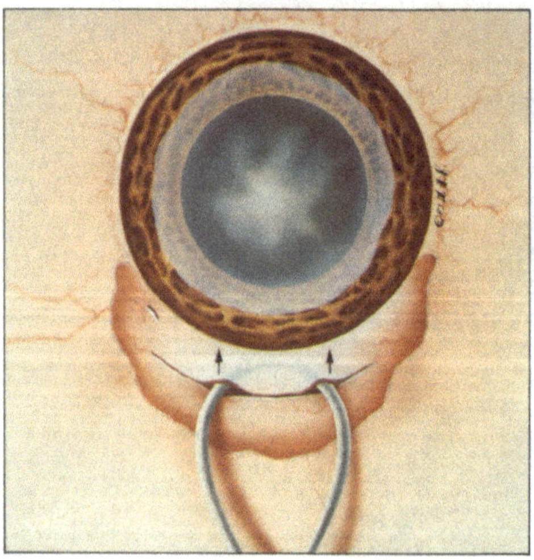

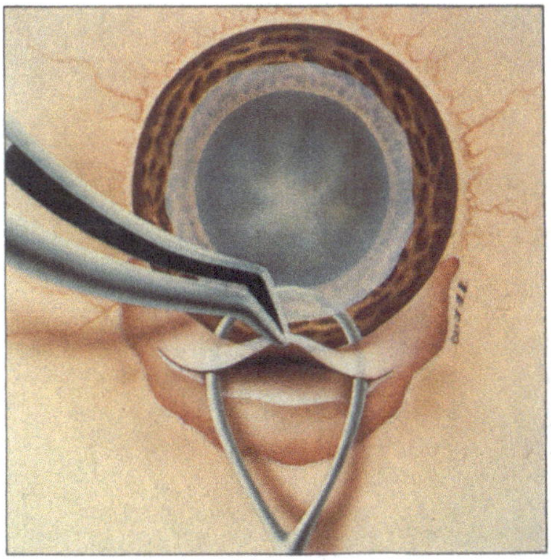

Positionieren der Spülschlinge unter dem Linsenkern zur Irrigation des Kerns

4.
Phako-Emulsifikation

Zertrümmerung des Linsenkerns durch grabenförmige Phakoemulsifikation mit dem Ultraschallansatz

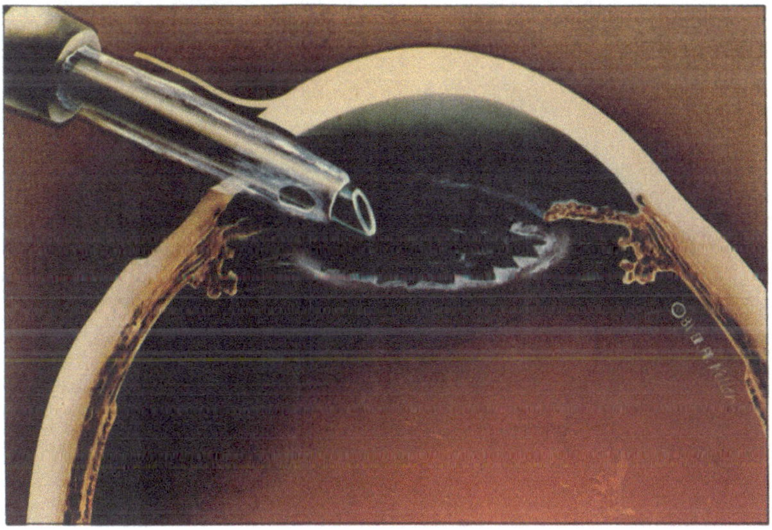

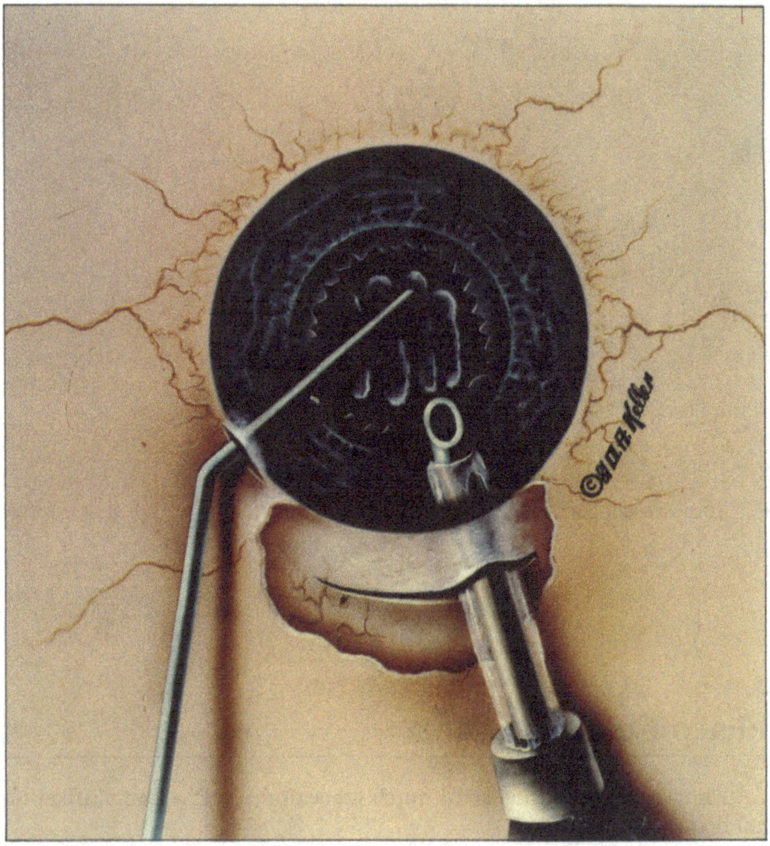

Luxation des verbliebenen Kernanteils zur Phakoemulsifikation des apikalen Linsenkerns

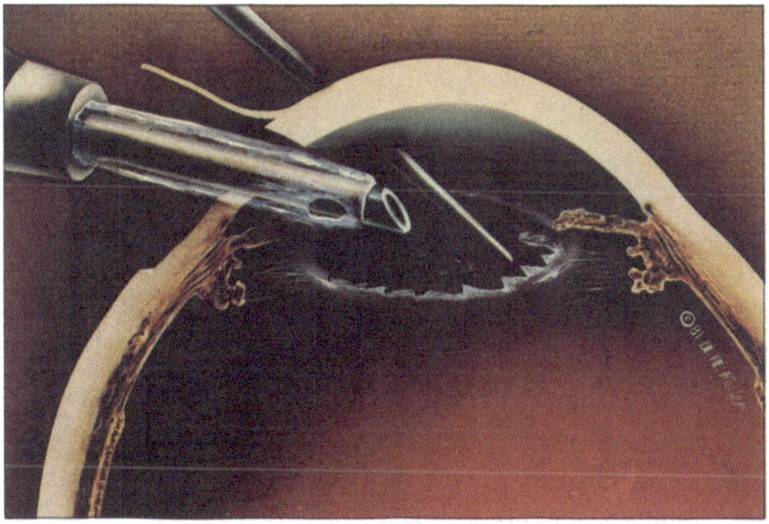

Anheben des apikalen Kernrestes zur Phakoemulsifikation

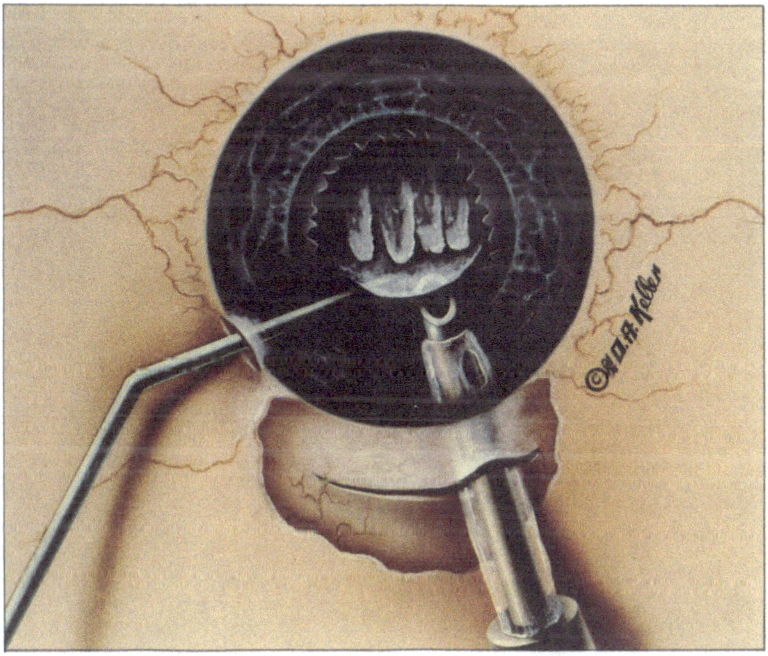

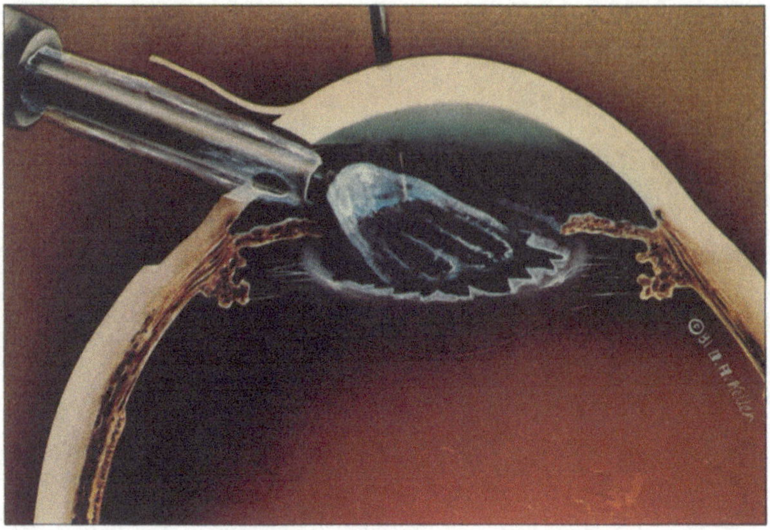

Ansaugen und Phakoemulsifikation des apikalen Kernrestes

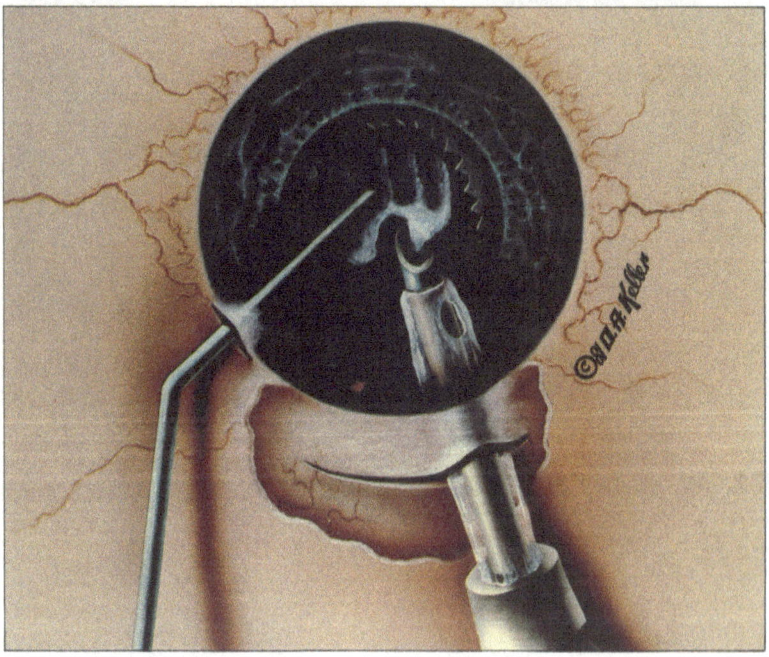

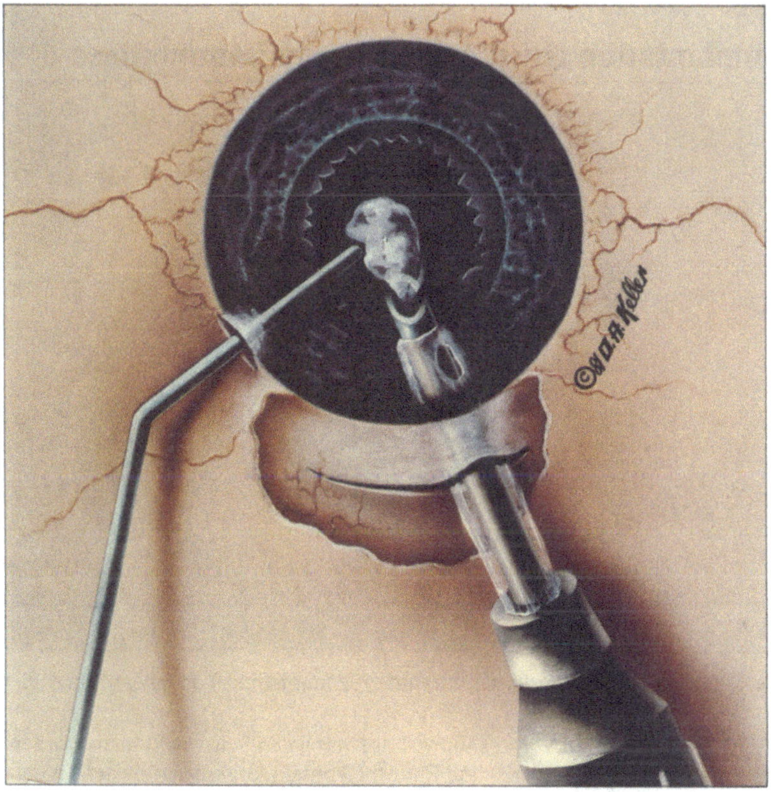

Phakoemulsifikation des Kernrestes

Phakoemulsifikation des Kernrestes

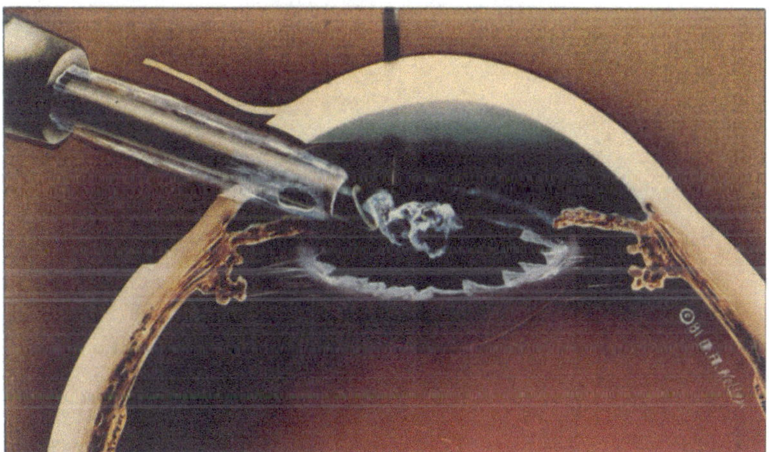

5.
Implantation einer starren Vorderkammerlinse

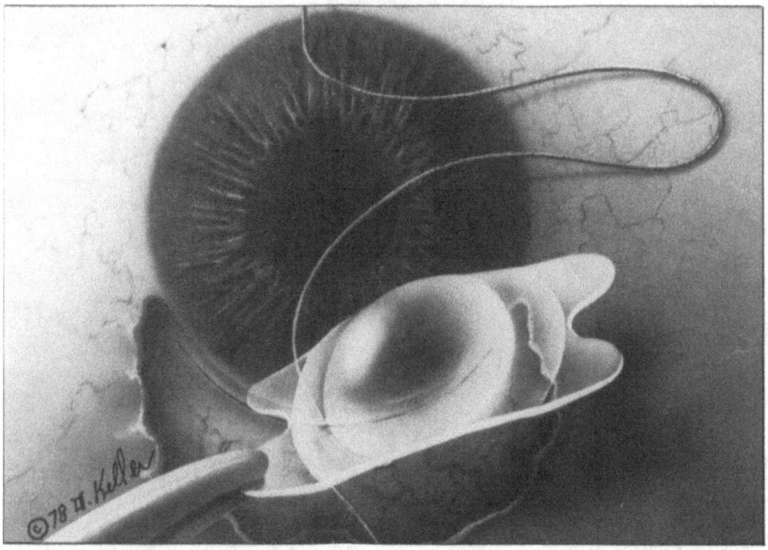

Fassen einer starren Vorderkammerlinse (Tennant-Linse) an einem Stützfuß

Einführen der starren Vorderkammerlinse durch den Starschnitt in die Vorderkammer. Vermeiden von Iris- und Endothelkontakt. Stabilisierung der Vorderkammer mit Luft oder viskoelastischem Material.

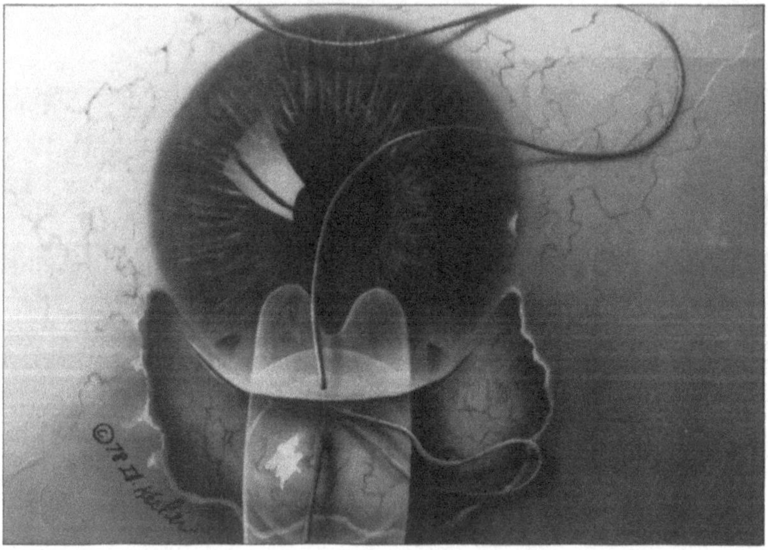

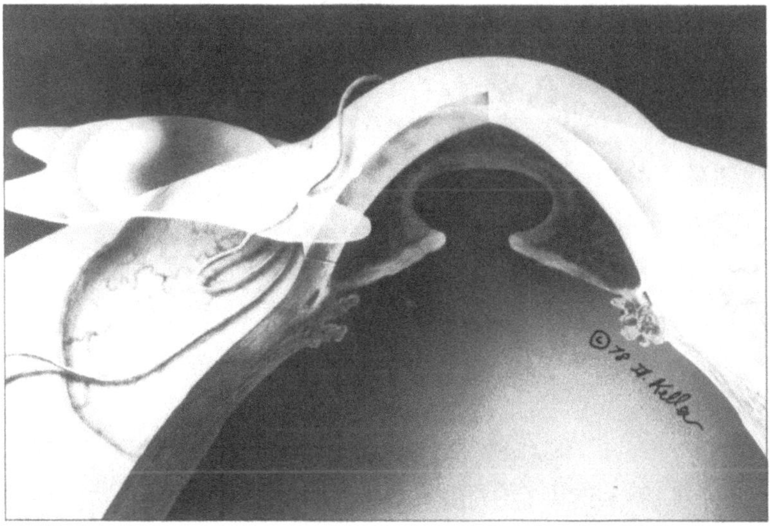

Anheben bereits implantierter Abstützpunkte zur Vermeidung eines Iriskontaktes.

Weitere Implantation der starren Vorderkammerlinse.

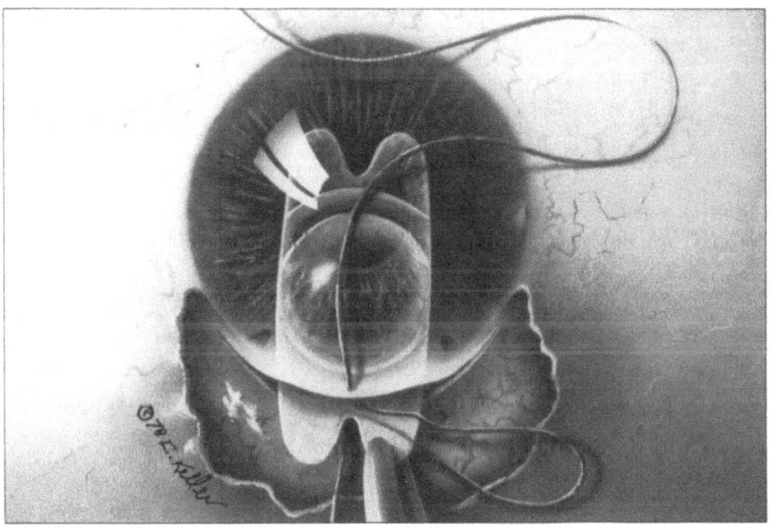

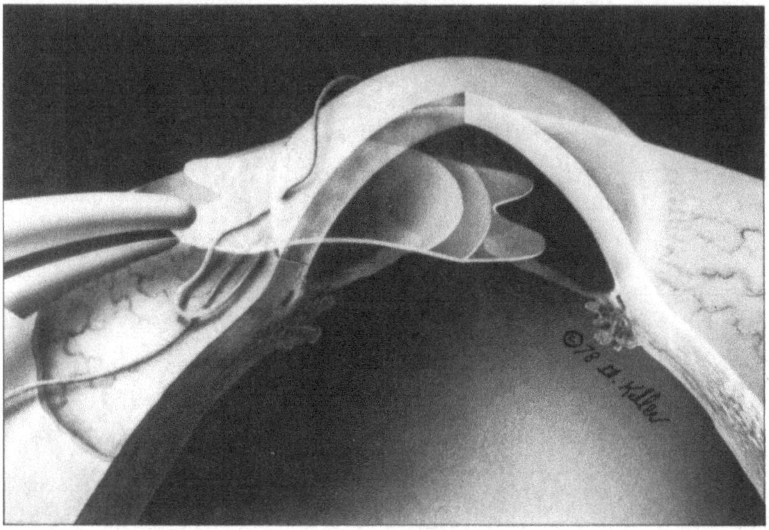

Vorschieben der starren Vorderkammerlinse bis zum gegenüberliegenden Kammerwinkelbereich. Keine Einklemmung peripherer Irisanteile.

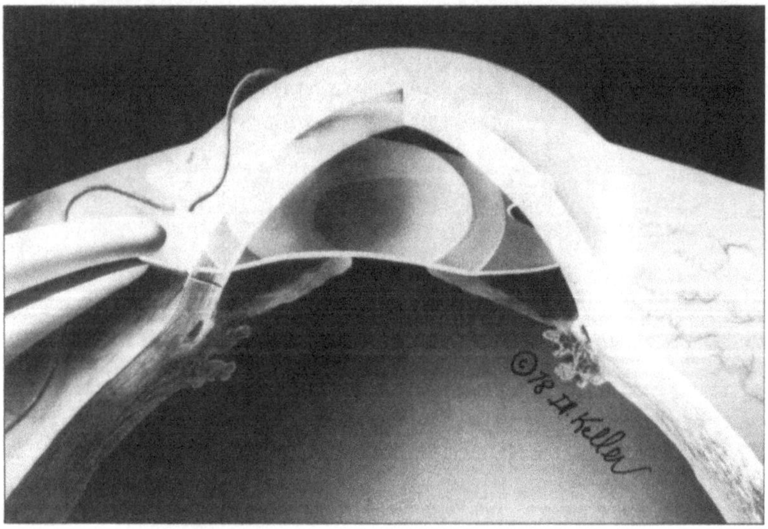

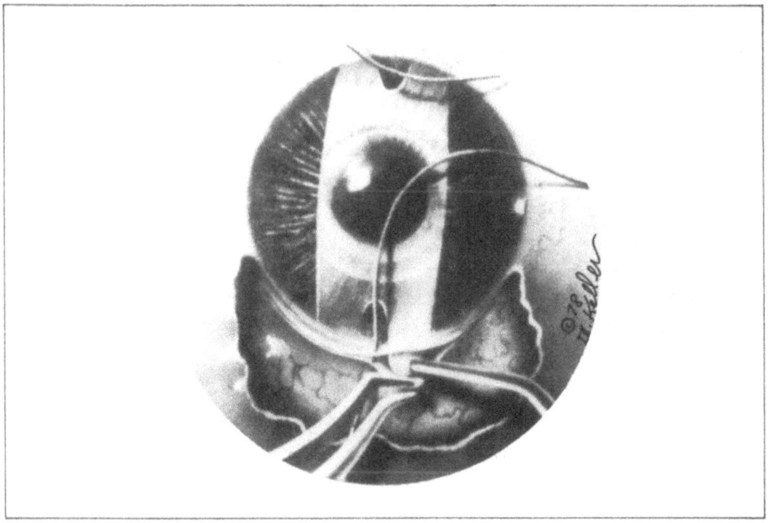

Einbetten der oberen Stützpunkte unter die Skleralefze im Inzisionsbereich.

"Tap"-Test zur Kontrolle eines spannungsfreien Sitzes der starren Vorderkammerlinse.

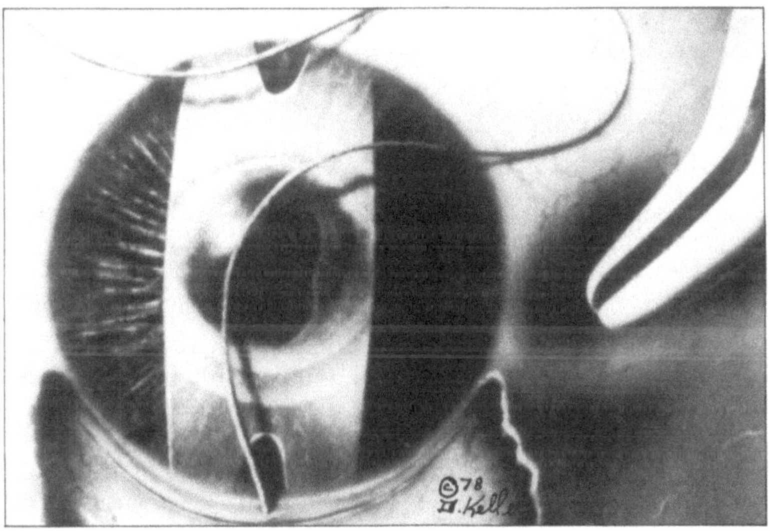

6.
Implantation einer flexiblen Vorderkammerlinse

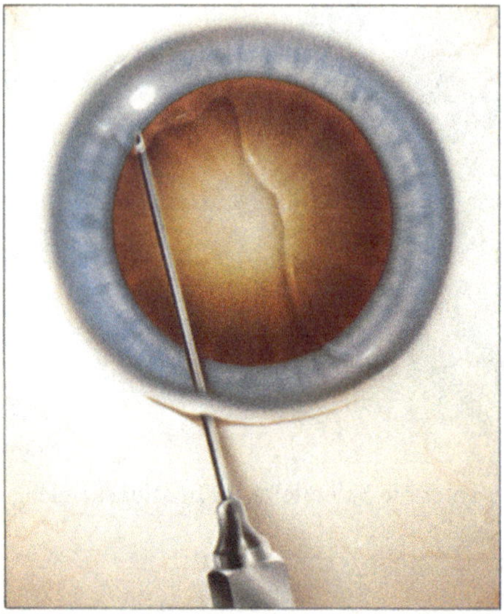

Auffüllen der Vorderkammer mit viskoelastischem Material.

Einführung des unteren Linsenbügels in die Vorderkammer. Vermeidung eines Kontaktes zu Iris und Endothel.

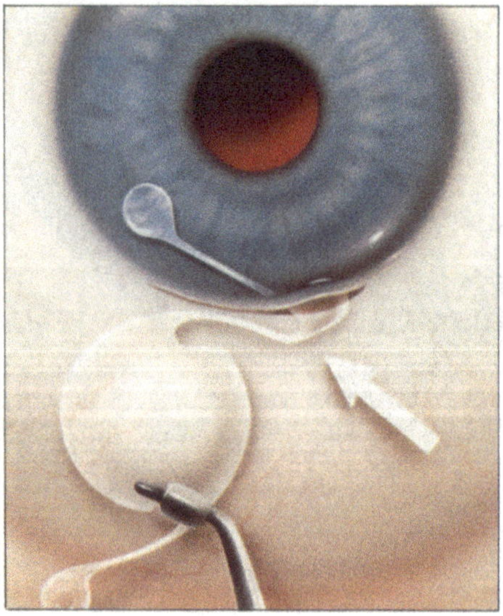

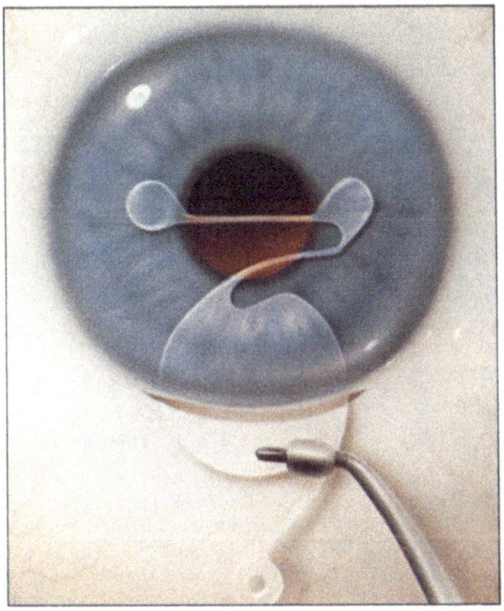

Vorschieben der unteren Stützpunkte bis in den Kammerwinkel.

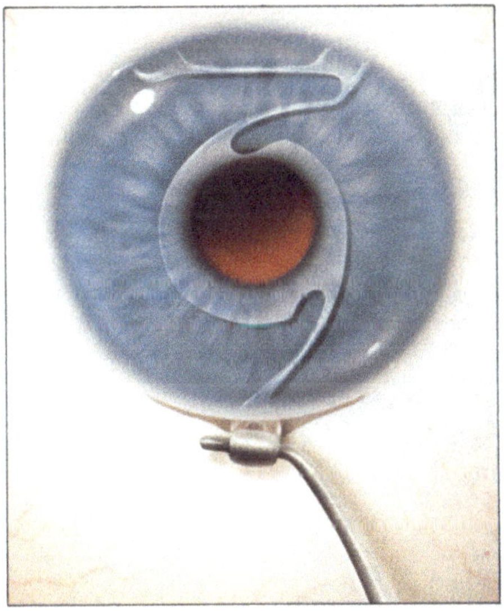

Fassen der flexiblen Vorderkammerlinse im Positionierungsloch des oberen Bügels und Positionieren unter die sklerale Lefze.

Gonio-Prisma-Kontrolle der Bügellage im Kammerwinkel.

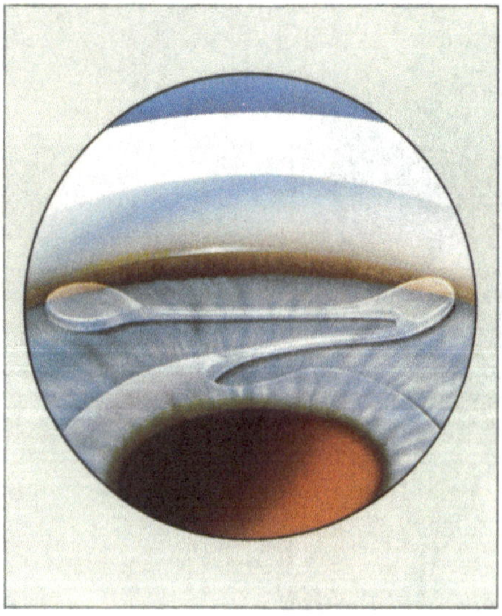

7.
Implantation einer Hinterkammerlinse nach SINSKEY oder KRATZ

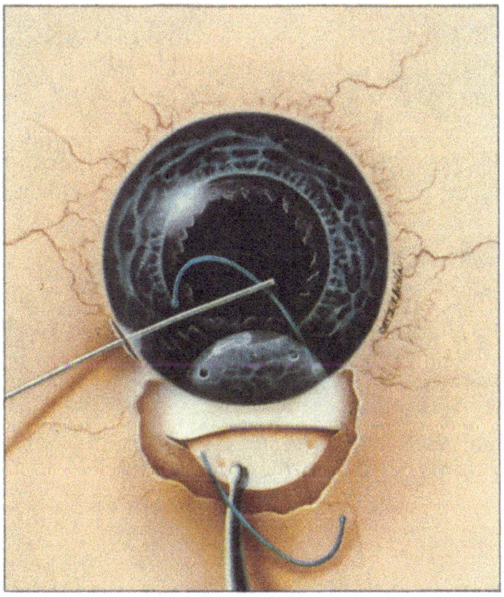

Implantation einer Hinterkammerlinse nach Sinskey oder Kratz. Vorschieben der Linsenoptik durch den Starschnitt und plazieren des bereits implantierten Bügels im Sulcus-Bereich.

Fassen des oberen Bügels mit der Pinzette und Positionierung unter die Iris.

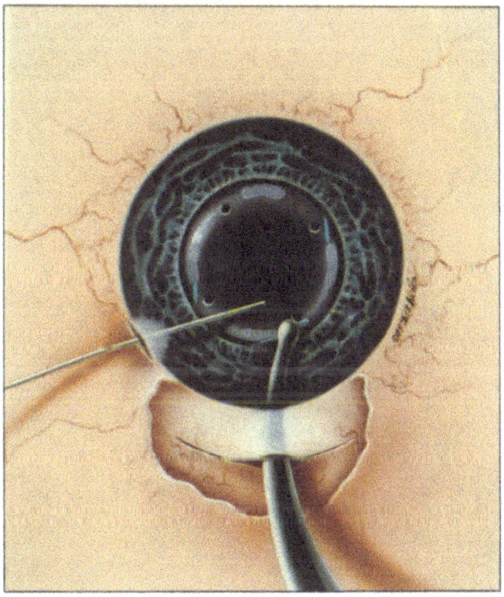

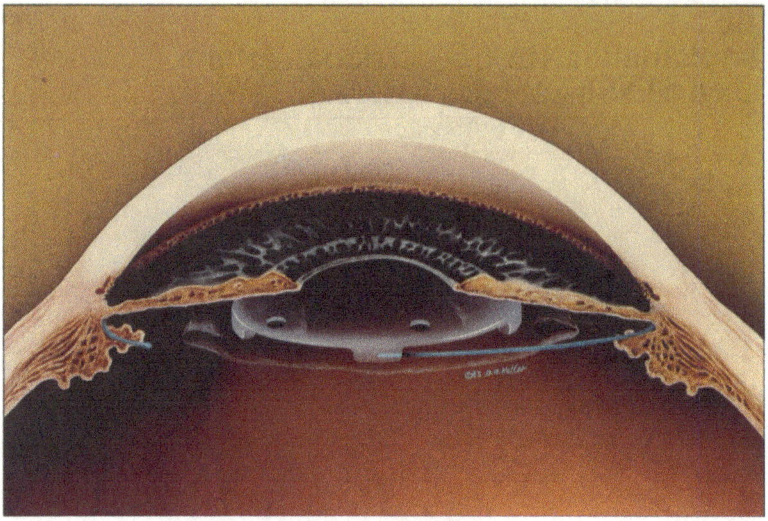

Darstellung der Bügellage im Sulcus-Bereich. Dargestellt sind Abstandshalter zur hinteren Kapsel für eine spätere YAG-Laser-Behandlung.

8. Implantation einer Hinterkammerlinse nach SIMCOE

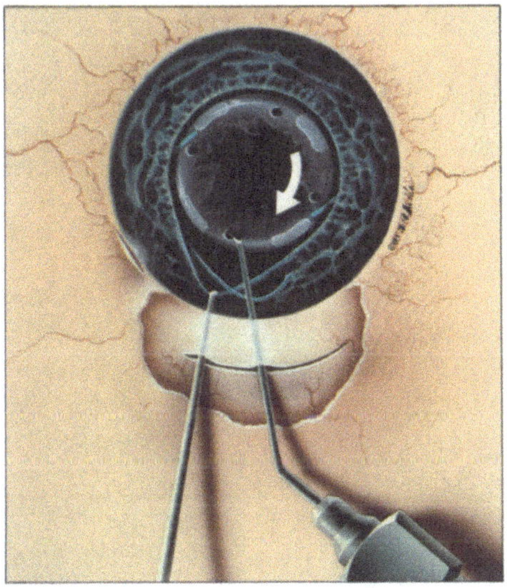

Einführen des oberen Linsenbügels einer Hinterkammerlinse nach Simcoe durch Drehmanöver in Pfeilrichtung.

Endgültiges Positionieren des oberen Linsenbügels unter die Iris durch Drehmanöver in Pfeilrichtung.

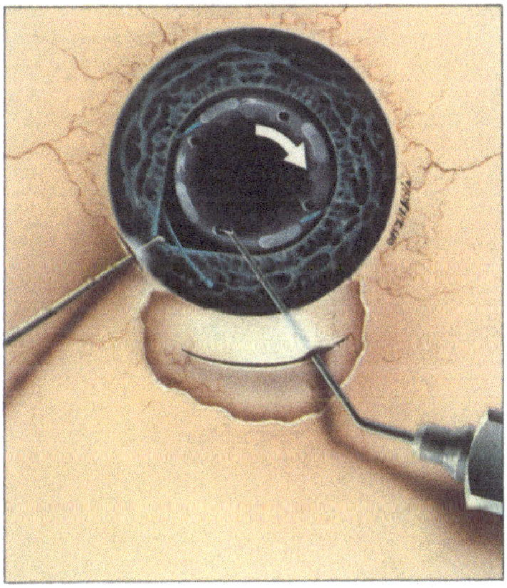

MIX
Papier | Fördert gute Waldnutzung
FSC® C083411

Zeitfracht Medien GmbH
Ferdinand-Jühlke-Straße 7
99095 Erfurt, Deutschland
produktsicherheit@kolibri360.de